# 纯手揉的
# 法式欧包

纸袋裡的法式日常

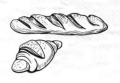

艾力克·徐 著

海峡出版发行集团 | 福建科学技术出版社
THE STRAITS PUBLISHING & DISTRIBUTING GROUP | FUJIAN SCIENCE & TECHNOLOGY PUBLISHING HOUSE

# 推荐序

与大家一样，对法国文化的印象是浪漫，是悠闲地赖在草皮上晒太阳，是花神咖啡馆喝咖啡的美好想象。

在深入认识艾力克老师后，才知原来他在巴黎的优雅、南法的轻松之外，有着强烈的对面包的执着和坚持。

在教学的过程中，艾力克老师常常提到过去的法国完全没有搅拌机，所以所有的面包都是师傅全程用手揉来完成。他在教室内完成了经典可颂、布里欧面团、法国金棍、欧式面包，证明了在家里不用大型专业的搅拌机，也可以有这么多面团来做变化。

艾力克老师常常提到"面包是有生命的"，揉面团的人需要去感受面团与你的对话，天气、湿度、食材表现都会让手上的面团每天有着不一样变化，你越能够察觉面团的语言，你与面包的距离也就越近。

课堂上最受同学欢迎的部分，就是听老师讲过去在法国的生活——天还没亮，面对着橄榄树，开始在面包坊的一天，忙到一个段落，就和广场上的野猫一起等日出，下午生意告一段落，就开着敞篷车到蔚蓝海岸做日光浴——真是令人羡慕极了！

在 16 年后回到了家乡台湾，已经是法国人的艾力克老师持续地用这样悠闲的心情，去传达法式面包的生活方式，是不拘小节、随性自在。所以卷起你的袖子到厨房动动手吧，或像法国人说的"mettre la main à la pâte"（把手放进面团里），让自己生活的脚步放慢放轻松，与艾力克老师一起感受这法式的手感生活。

"甜婆寓所"主理人　Maggie WU

2014年底，当法缇（Ephernité）法式餐厅的开幕正在紧锣密鼓地筹备时，我曾尝试自制啤酒酵母及葡萄酵母，并且试做了不下数十次乡村面包，却没有一次达到我心目中法式的味道；在最苦恼的时刻，幸运地遇见了艾力克和他的手工面包。

进行了许多次讨论及修改，关于面包尺寸、气孔，甚至二次加热后的薄脆程度，艾力克总是耐心聆听，试图做出符合我心中期待的佐餐面包，而最后成就的这款专属于法缇的法式乡村面包，也成为餐厅里最低调却闪亮的配角。

我们的过往经历并不相同，但对于法国的乡愁，却仿佛有着共同的味道；他的面包，往往嚼着嚼着，就让人思绪飘到了那一年的巴黎，那些关于爱和梦想的片段、记忆中的温暖香甜。

三年多来，我总是很骄傲地告诉客人，佐餐面包是向好朋友艾力克特别订制的，而他也总是不断带着新作品（金棍、国王派、可芬、艾力克颂等）来给我们惊喜。也许正是这份乐于分享、不藏私的心意，使他的面包书更加与众不同。诚心推荐，献给和我一样常常想念法国的你们。

**Restaurant Ephernité 法缇法式餐厅主厨**
**Vanessa HUANG 黄诗文**


"身边能有这样一位法国匠人朋友，有多么幸福呀！"第一次，遇到艾力克师傅是在烘焙展上，久闻其名，碰面时却如同多年老友般熟悉。因为面包，我们没有距离！

聊起法国的文化，我们更是滔滔不绝地讲着自己的感受，我在巴黎的时间虽然很短，但是那强烈的文化冲击却一直影响着我，那天，与艾力克师傅碰面时，那感觉更深刻！"面包追求自己喜欢的境界！"在大家都追求产品外表的同时，师傅更多是通过味觉搭配与原材料的运用，展现出产品的生命力！毋庸置疑，他是专业的！身为面包师傅的我，打从他要拍摄制作这本书的第一刻起，就兴奋到现在！

多次在与艾力克交流技术与观念时，如果不是他的面孔，我还真的以为我拥有一个道地的法国朋友！

这不是一本食谱书而已，而是多年来艾力克师傅的面包日记！诚挚地向您推荐！

**"安德尼斯烘焙坊"经营者兼面包师 吴克己**

# 自　序

"———"

Merci à tous ceux qui m'ont soutenu，ma famille，mes amis，mes amours passés，ma moitié．Je vous aime du plus profond de mon coeur

在这之中当然要感谢所有支持我的家人和朋友以及另一半，让我坚持传达法式日常烘焙的使命感。

从 1998 年任性地待在法国，到 2014 年回到台湾，这 16 年也像是一眨眼就过了，这之间经历了很多，也感受了不同。年轻的我也从刚开始在巴黎对所有人、事、物好奇，经过十几年在法国生活的累积，形成了现在独特的人生观，有流浪的感觉。其实我们这些第一代的移民，是很痛苦的，往往刚开始都是抱着无限的期许和家人的希望去努力，而最后却形成了对原生文化的隔阂。法国给了我全部，我的第一份工作、我的第一段婚姻和两个亲爱的儿子 Enzo HSU、Nathan HSU，对我而言我一半的生命都是在这里成长，法国也很自然地成为我的第二个家，但也因 16 年无法回台湾，心中对家乡的思念越来越强烈，而在心里累积了深深的感慨。

在 2014 年 10 月 17 日搭上了第一次回家的飞机，至今仍印象深刻，当时我在戴高乐机场悠闲地享受早晨日光浴，但在看到登机讯息显示时，心中压抑已久的沉重终于消失了，那一瞬间的抒解是无限的感动以及泪流。回到台湾发现很多人、事、物都改变了，面对的是既熟悉又陌生的文化，我才发现心中的温馨感是存在于小时候的过去，我更深刻体会到在别人羡慕的移民生活背后，其实都有这种隐藏的辛酸。因为当我在法国时就会想念着台湾，在台湾时反而想念着法国的生活。回到家乡的我完全找不回想象中的归属感，那种感觉是非常怅然若失的。

但我相信这冥冥之中的安排，我从一位只会做面包、甜点的师傅变成了一位开课教学的老师，也学会了不同的事业经营方式以及看事情的态度。一直到现在出了这本书，我才了解到这 16 年付出的意义，在两个文化之间的比较，让我更了解法式烘焙的内涵，可以从一根单纯的金棍很简单地呈现出法国人的生活态度。从选择食材一直到亲手搓揉面团，接着发酵再烘烤，直接地呈现着我们对于食物的用心。对我而言，面包的构成有五个元素——肥沃的土壤呵护着小麦成长，水联结了精心研磨的面粉，空气让面团充满生命力地膨胀，时间酝酿了它的风味，火淬炼了面包的个性，因此面包可以反映出世界各地烘焙文化的不同。

对于法国人而言，面包是必要的而且永远不够的，在这本书里，我还掺杂了一些法式烘焙的文化小故事，希望你们不只能够获得配方，还能够了解法国人如何透过面包呈现人生的价值观。所有的配方都采用不需要搅拌机的操作方式，用意在于帮助你们通过手揉面团了解面团的习性，面包是活的，你们一定要去做你们自己满意的面包，而不是跟别人比较，因为好吃是主观的，我相信每个人揉出来的面团都有自己的个性以及温度。另外，既然决定要亲手操作这些配方，也记得一定要使用最好的基本食材，例如，法国面包就是要用法国面粉以及法国无盐发酵黄油，这是能够称为法国面包的最基本条件。时间也是必要的无形食材，能充分地酝酿出每个人独特的风味，也能够通过你们亲手做的面包，传达你们对家人朋友的心意。这就是我对法式正统烘焙的理念。

Amusez-vous bien！玩得开心！

艾力克 · 徐 / Éric HSU

# 目 录

"——"

# Chapter 2
## 好的法棍就像白饭一样日常

# Chapter 3　柔软绵密的法国奶油面包

## 养成可以尝到麦香的舌头

"好像大家想到法国面包、烘焙，就想到干得咬不动的硬面包、一个价格可比一份便当的马卡龙……都是一些与日常生活搭不上边的印象。"艾力克说，"但其实与想象不同的是，在法国，甜点与面包都是很日常的。"举例来说，最基本款的外酥内软、以较多无盐发酵黄油制作而成的布里欧（Brioche），既是甜点，配着茶吃；也是面包，夹着咸的馅料入口，可以每天吃。法国金棍面包也是用最简单的材料 —— 上等面粉、酵母、水，就可以完成，对法国人来说就有如白米饭一样日常 —— 高档而重装饰的甜点反而不是太多。艾力克的烘焙亦是希望传承法式烘焙的风格与传统，让具有生命力、随兴、能随时尝上一口的面包、甜点，装点人们的生活。

回到台湾，艾力克惊讶于有些产品明显不是使用天然的材料，却深受喜爱 —— 许多人对于奶油、麦香的味道已经养成错误的认识，而口感一旦被培养起来，就很难再改变。

用使命感去做烘焙，当然不可能便宜又大碗 —— 健康跟好吃有时候本来就是矛盾的两回事，但味蕾是可以被训练的，能够让家乡的人吃出面包里真正的麦香味，那他认为就已经成功一半了。他说，自己从来不觉得回家乡是要做出"最好吃的面包"给大家，而是要做纯天然，可以当成白饭，天天吃也安心、自在的面包。

## 法国面包就是干、硬、脆？

艾力克在制作面包的材料选择上，奶油全部使用不含反式脂肪的动物性奶油，面粉亦使用法国进口的 T55 顶级面粉；食材精选后，接下来的步骤就简单多了 —— 慢慢等。艾力克的工作室里没有发酵箱，面团搅拌好后，全都要经过 24 小时的低温发酵，由师傅去"感觉"和判断面团发酵的程度、是否适合烘烤；烤出来的面包每一个都不一样，好像活生生的，拥有自己的"个性"和孔洞。通过长时间的低温发酵，可以提升面包的口感，尤其是依此程序做出的法国金棍面包，虽然没有加奶油，却完全与想象中"又干又硬"的法国长棍面包不同，嚼起来富有麦香而能生津、柔软湿润。艾力克希望将诸如此类、颠覆很多人舌尖想象的法式烘焙技巧，完整而详实地呈现在读者面前。

因此，这本书的出版，不仅介绍正统的法国传统金棍面包的由来、历史，道出面包每个孔洞中的故事与科学小秘密，也传达了在艾力克烘焙中"让法国面包、甜点走入生活"的精神与意图。希望这本书不仅仅供给读者简单、随性就可以完成的法式面包、甜点食谱，更能帮每一个闻香而来、喜爱烘焙的人，塑造出自在而优雅的生活风格。

# 法国面包
# 的精髓

Chapter 1

# 长棍的前世今生

法国人会以"漫长得就像没有面包的一天"（long comme un jour sans pain）来形容度日如年、好似没有尽头一样的难熬时光。面包之于法国人，就好比白米饭之于华人，是日常生活中不可或缺的一项主食。长棍面包（la baguette）则是代表中的代表，修长的身形、脆口的外皮搭配湿润富含孔洞、充满嚼劲的面包体，是法国餐桌上重要的主角，早、午、晚餐都可以见着它的踪迹，因着不同的搭配（夹心三明治、罗宋汤、杂菜煲等）可变化出不一样的料理。

法语中的"长棍（baguette）"本意原是指"棍"、"棒"、"枝条"，直到近20世纪初，这个词才逐渐专属法国这种长条型的面包，虽是如此，法国长棍面包的诞生、演化至少可以追溯到18世纪以前。

## 长棍的诞生

关于法国面包的由来实在有太多版本、众说纷纭，说它是最多故事的面包也不为过。或许可以从法国大革命（1789-1799）开始说起，在战乱之下民不聊生，人民没有面包可吃，仅能用剩余的残粉，做出勉强能入口的面包果腹；反观贵族们，却能用上等的面粉制作多样、可口的白面包来吃。在当时，甚至还有一个传闻：玛丽安东尼皇后（la reine Marie-Antoinette）听闻人民挨饿时，顺口说了一句"没面包吃就吃奶油布里欧啊！"（S'ils n'ont pas de pain, qu'ils mangent de la brioche!）如此"何不食肉糜？"一般的言论，彻底反映出法国当时强烈的阶级对比，但后来有些学者指出这个事件恐怕是穿凿附会的可能多。

法国大革命后，专制王权被推翻，国民会议（the Convention）甚至规定了一种"平等的面包"（Bread of Equaliy），要让穷人和贵族都吃一样的面包，这透露出法国大革命中最重要的"自由、平等、博爱"精神。

法国面包的另一个故事，则跟鼎鼎大名的拿破仑一世有关。或许大家会好奇，一个军事、政治的强权领袖，到底跟面包有什么关系？拿破仑是 1804 至 1815 年间在位，当上了"法国人的皇帝"，他颁布了《拿破仑法典》，这是历史上一部相当重要的民法，其内容涵盖广泛，就连面包也不例外。在拿破仑之前，法国的面包大多是圆形的，但带兵出征，圆形的大面包难收纳，士兵们都需要自己带着小刀，饿的时候把面包切成小块来吃，无形中花费了很多时间，对于一支讲求快、狠、准的军队来说，是没有效率的。于是，拿破仑要求面包师傅改变面包的造型与尺寸，改为长条棍棒状、长度 55 到 65 厘米，恰好可以放进士兵军裤两旁的口袋中，易于携带，从而让行军更加顺畅，现代大家常见的法国长棍（baguette）的形制就此被定下来。

总之，至 19 世纪后，法国长棍面包已经与日常生活分不开，成为满街可见、三餐必备的面包款式。长棍由来还有一说，与当时的"劳工权益"息息相关。当时的长棍面包除了拿破仑制定的小尺寸行军方便版，超长版长棍更是常见，它的长度超过 1 米，家仆们会在清晨 6 点钟抵达面包店，向店家购买这种长形棍子面包，回家后，开始忙进忙出、料理早餐，为主人家开启一整天的活力。下午的时候，调皮的男孩们会把长长的面包当成剑，互相比划、嬉戏。

因为这样的面包制作需要较多的时间，面包师傅晚上关闭面包店的大门，休息没多久，清晨两三点又要起床准备做面包，以应付早晨六点的早鸟客人们，夜以继日的工作对于身体的负担不难想见。随着劳工保护的意识抬头，法国政府在 1920 年特别规定，面包师傅从晚上十点到隔天的凌晨四点不得工作，于是，为了要达成早晨四点以后才开始工作、六点新鲜面包出炉开始贩售的双重条件，小而方便制作的长棍面包（baguette）便诞生了。

法国人对于面包的重视，不单是从"故事颇丰"这个着眼点可以见得，有句法国谚语这么说："Sans pain ni vin, l'amour n'est rien."（没有面包、没有酒，爱情根本什么都不是。）为什么是没有面包，而不是没有"面条""米饭"……？对于法国人来说，浪漫或许可以第二，但没有面包的生活，是不太能够接受的。

也因为法国面包是日常生活的重中之重，法国人对传统的长棍面包的材料、做法大致作出规范，如果使用不对的材料却说自己做的是法国长棍，可是会被烘焙师鄙视的。2018 年初，法国烘焙师协会向联合国教科文组织申请，希望将长棍列为文化遗产，也说明了法国人对长棍的十足骄傲，"意大利的拿坡里披萨制作可以被列入，我们的长棍当然也可以啊！"

面包师傅在法国也有不凡的地位。艾力克在法国时，曾经到许多不同的面包店里工作，回台后有的人会好奇：身在异地，怎么敢这样承受颠沛流离的风险，潇洒地离开待得好好的面包店？其实，正因为对法国人来说，面包实在太重要了，有点功夫的师傅，几乎到哪儿都受人尊敬、欢迎，不太害怕失业。

## 传统长棍与世界面包大赛

法国面包，其实远比我们想象的简单，是仅含有面粉、水、酵母、盐的无油面包。法国面包因为形状、面包的长度、割纹、重量、烧减率（面团中的水分因为烘烤而蒸发的比例）的不同有所差异。而标准的长棍面包指的是直径为 5 到 6 厘米，长度在 55 到 65 厘米、重量在 250 到 300 克、每千克面粉含盐量 18 克的法国面包。

然而，不是所有长棍面包都能称之为"传统长棍"！法国人的面包制法在 19 世纪末，日本明治维新时期大盛于日本，经过面粉与制作的调整、改造，市面上开始流行日式的法国长棍，面包芯较干、外皮酥脆，发酵的时间缩短，可以被大量制造来满足人们的需求。这样的转变，也无形中冲击到原有法国长棍的市场，因此大约在 1920 年代，"传统长棍"被更精准地定义出来，只有面团含水量在 70% 左右（其他的经常只有 58%），面粉中的蛋白质含量在 6.7% 到 12% 且灰质含量高，如此制作而成的长棍才能称作"传统长棍"。

切开一个及格的长棍面包，除了有均匀的、大小交错的孔洞外，面包芯呈现白色且微微透明，看起来有油亮的光泽，这并不是因为它加了油脂，而是因为在制作过程中，粉、水比例得当，发酵顺利，面包在熟成的过程中获得了延展性和弹力，因此咬起来并不干硬，而带有嚼劲。

到了1992年，法国国家面包大师（MOF）克里斯提恩·瓦勃烈发起了世界面包比赛，希望参加比赛的选手可以通过比赛，互相观摩、切磋制作面包的技术，通过国际性的交流，让烘焙更加成熟，其实这也悄悄宣告了法国面包王国的不朽地位。这个赛事由法国"乐斯福酵母公司"出资主办，乐斯福曾经在1974年创立全球最早的烘焙中心，是法国颇有声誉的酵母公司。这个每四年在法国举办一次总决赛的"路易·乐斯福世界杯面包大赛"由三个部分的赛事组成，包括路易·乐斯福杯（世界分赛区）、面包大师赛，及最广为人知的"世界杯面包大赛"（Coupe du Monde de la Boulangerie）（和德国Iba、法国里昂的Mondial du pain齐名世界三大面包赛事），比赛的分组包括欧式面包（法国长棍、其他欧包、地域特色面包）、甜面包（布里欧、丹麦面包等五选一）、艺术面包这三大组（每次比赛略有调整），成了许多面包师傅的梦幻盛典，也将长棍的声势再推上了高潮。

路易·乐斯福杯的比赛规定

路易·乐斯福杯在赛程上设定了数量的要求，参赛者需要制作3条法棍、不同的花式欧包共4个。而它对法棍则有几条规定：至少55厘米长，成品有一样的长度、烘焙后重250克，具有酥脆的外壳，有蜂窝状气孔（有较大和不规则的气孔），色泽方面更偏向奶油色而不是纯白色等。精准定义，无非就是要让正统的法国长棍能历久弥新。

# 长棍的好吃秘诀

/——//——————//——/

法国人常用"pour une bouchee de pain"（只有一两口面包），形容一件东西很便宜、如同家常便饭一样稀松平常。但越平常以致看似"没什么"的东西，越能在每一个细节中展现不凡，因而造就这款耐吃、历久弥新、堪称法国代名词的经典。法国面包的成分如此简单（只有面粉、水、酵母、盐），在材料的选用上，就更是要加倍用心。

## 面粉

收割完成的小麦，经精选、调质、碾碎后，过筛区分出麸皮和粉类，接着再通过胚乳粗粒精选机将粉中细碎的麸皮去掉，最后进行成分分析 —— 依照矿物质、蛋白质、水分、糖分的比例不同给予分类，可以神奇地产生不同口感的面粉诞生了！

初学烘焙的人，在选用面粉时，常常搞不清楚面粉的"低筋、中筋、高筋"怎么分，其实，这是由面粉中所含有蛋白质的比例所决定。小麦面粉之所以可以经过加工制作而成为面包，是因为它有着许多玉米、大豆、米等谷物面粉无可取代的特性。其中，面粉中蛋白质里的"麦谷蛋白"和"醇溶蛋白"经过水解后，会结成"面筋"，使面团具有延展、加工硬化的特性。想像打开一个有透明玻璃的烤箱，送入几个又圆又白的小面团，加温烘烤，阵阵麦香传出，定睛注视面团，慢慢地膨大饱满，色泽也逐渐转为金黄，"叮"的一声，香喷喷的面包出炉 —— "面筋"就是一个小小面团变身的谜底，而和入面团的酵母，与面粉里的糖类，则是面团外皮焦黄、脆的关键。

低筋面粉的适用范围比起中筋、高筋来得更大一些，基本上平常制作的简易饼干、蛋糕、煎饼，都可以用低筋面粉完成。由于低筋面粉的蛋白质含量较低，经水解后的筋度也不会高，做出来的面点组织较为松散，从而呈现膨软、绵密的口感。而高筋面粉的面筋较多且强韧，黏性和延展性相对较高，吃起来的口感也较有嚼劲，像面条、饺子皮等需要劲道感的面点，就比较适合使用高筋面粉。中筋面粉的筋度与口感，则是介于两者之间，适用于水煎包、馒头等，这样的面点不需要很厚实、有劲道的口感，但也不能过于柔软、膨松。

高、中、低筋面粉比较

|  | 低筋 | 中筋 | 高筋 |
|---|---|---|---|
| 蛋白质含量 | 6.5%~8.5% | 8%~10.5% | 11.5%~13.5% |
| 适用烘焙类型 | 蛋糕、松饼 | 包子、馒头 | 面条、饺子、面包 |

然而，说了这么多高、中、低筋度面粉的差异，但接触烘焙的新手不免会发现，制作法国面包时，食谱里并不常见到使用低粉、中粉，抑或是高粉，而是用 T 开头的面粉，这到底是为什么呢？事实上，欧系面包使用的面粉，其分类跟我们平常惯用的蛋白质分类法不同，是以面粉中的"矿物质（灰质）"比例来区分，而 T 则代表 TYPE，后面接着的数字（如 T55）则显示矿物质含量的相对程度。面粉中的灰质多藏在麸皮中，而麸皮是小麦变身成精制面粉后，需要被筛选掉的部分，面粉越筛越细致，T 后的数字也会越来越小。

T 的数字越大，矿物质的成分越高，面粉的复杂度也越高，制作出的成品也会保留比较多麸皮，比如 T110 可以拿来做全麦面包；T 数字越小，则面粉的灰质越少，复杂度低，杂质含量少，面粉的色泽也较为白净，如 T55、T65 可以拿来制作一般的甜面包、披萨、酥皮等。硬要比对的话，T45 这款数字小的，可以拿来比拟为高粉，T55 是中粉，而 T65 以上，就比之为低粉了。

艾力克说，制作法国面包最重要的，莫过于这个 T 系列面粉，因为法国面包的成分是如此简单，好的面粉可以让面团顺利充分地发酵、松弛，吃起来的口感让人惊艳。他建议选用法国进口的面粉制作，如店里使用的法国传统面粉 T65 Tradition 是由声誉颇佳的面粉生产商安东磨坊 Les Moulins d'Antoine 所生产的，特别的地方在于它是经过"红标签 Label Rouge"认证、无添加物的面粉，吃起来天然而没有负担。

红标签是什么？

红标签是法国在 2006 年为农渔牧产品、农产制品（如面粉）制定的"品质保证"标章，标志出特别优异品质的产品，每个标章上会有专属的编码，以及标签的有效期限。

红标签

## 发酵

发酵这个过程，可以说是面包制作步骤中的灵魂所在。揉捏好的面团，静置等待，让面团中的酵母好好地分解糖分，形成二氧化碳，而蛋白质形成的面筋组织包裹着气体，烘烤面团时就好像有隐形的骨架支撑起面团，让其膨胀而成为美味的面包。

有时在烘烤后面包没有膨成黄金弧形，其实不是面团整形时出错，而是发酵时间没有掌握好。发酵过度的面包，因为空气把面团里的面筋撑得过大，面包组织在烘焙的前几分钟迅速地膨胀，产生"烘焙张力（oven spring）"，而容易让面包"卖相不佳"。正因为发酵的温度、时间影响了面包自口感至外观等大小事，尽责的面包师傅更要在发酵这道工序上多费一些功夫。

发酵法可以简单地分为三类：直接法、低温发酵法、中种法。直接法顾名思义就是将制作面包所有的材料和成面团，当天分别经过半小时、一小时左右的发酵时间，便直接送入烤箱烘焙。这种方法因较为省时，不像低温发酵法那样需要冷藏空间，且制成的面包会透出淡淡麦香，因而被许多面包店采用。

发酵时的温度会影响酵母的活性，一般而言，每提高9.5℃，发酵的速度会增加1倍（温度过高则会让酵母死亡）；而每降低9.5℃，发酵时间也会倍增。低温发酵则是通过低温降低酵母的活性，让面粉有足够的时间吸收水分、形成面筋，做出来的面包更柔软、容易咀嚼；且因为发酵的时间长，面团中产生的副产物相当丰富，能让麦香里具有多种层次，面包咀嚼起来不仅麦香十足，还可品尝到回甘的滋味。

而中种法也被称为"间接法"，其实是各采纳了直接法和低温发酵法的优点的一种做法。中种法将面团分作两次制作，第一次的面团，取所有面粉中的 60% 到 85% 和所有水分中的 55% 到 60% 加上酵母混合，形成"中种面团"，让它慢慢地、经长时间地发酵膨胀。膨胀后的中种面团，切小块再和剩下的材料搅拌混合成为"主面团"后，再进行一次时间较短的发酵，再整形烘烤。中种法的优点是口感较柔软，而且面包更具有弹性，使用的酵母可以少一些，不过制作时间较长。

艾力克的法国面包采用低温发酵法，且他不刻意培养"老面"，而是用一般的酵母，并采用自解法（autolyse），在面粉中先加入水分，让它们充分地融合，让水完全渗透进 T65 面粉中，接着搅拌均匀，并耐心地静置一小时，增加面粉和水的联结。搅拌的时候要轻柔，先不打出筋性，混合完全后，再放入约 1% 的酵母，一两分钟后，再加入适量的盐，以第二转速开始搅打约 5 分钟，打到面团出九分筋即可。

取出面团后，还须再以人工折叠面团两次，再冷藏起来隔天使用，经冷藏后的面团烘烤完全后，才会有大大小小的孔洞，并呈现奶油般的光泽与麦香。

# 制作法国面包须知

烘焙使用器材

**量匙／量杯**
量匙和量杯可以用于测量食材分量，且便于收纳。

**电子秤**
称量食材重量时使用，比传统式磅秤精准，有些具有单位换算功能。

**筛网**
用于过筛粉类，避免粉结块使面糊搅拌不均匀。也可以用来过筛蛋汁，使口感更加细致。

**钢盆／搅拌盆**
具有圆弧形底部的钢盆或搅拌盆，因无死角，使搅拌动作顺畅且可搅拌均匀。

**打蛋器**
可将湿性材料及干性材料混合均匀。

**橡皮刮刀**
在取出馅料或是搅拌原料时做辅助，可避免浪费食材，将材料充分使用。

**擀面棍**
可以擀压面皮使面皮平整。

**放凉架**
用于放置烤好的饼干、蛋糕或面包，使之自然冷却后，方便保存。

### 擀面垫

大面积的硅胶擀面垫加上清楚标示，方便擀出所需的大小。

### 刮板

可以刮除残留在钢盆或桌面上的面团，同时作为分割面团的辅助器具，使面团保持完整。

### 面包刀

在面包烘烤完成后，要切片享用时，使用面包刀切较不会使面包塌陷。

### 小型锯齿刀

在面包入炉前，在面团表面使用小型锯齿刀划出纹路，烘焙出炉的面包就会有美丽的裂纹，特别是法国面包常会使用。

### 烘焙布／纸

用来衬垫于烤盘上，以隔绝食物与烤盘；或是可以垫在模具中，烘焙完成后方便脱模。分为能重复使用的烘焙布及抛弃式的烘焙纸。

### 油刷／油刷罐

可以将蛋液、油或糖水等均匀涂在面团或烤盘上。油刷罐可储存烘焙所需使用的液体。柔软刷头不破坏食材表面，方便拆卸，容易清洗。

## 烘焙使用材料

### 细砂糖

细砂糖除了增加成品的甜蜜风味外，还可以改变口感，增加湿润度与焦化效果，而且制作中还能增加面团的延展性。

### 糖粉

糖粉质地细小故容易和面粉结合，有时可以替代砂糖。在面包制作完成后，可以在成品上洒上一层薄薄的糖粉防潮，以及改善造型。

### 盐

盐在甜点与面包的制作过程中扮演不可或缺的角色。在制作面包过程中加盐，可以强化面团筋性，增加延展性。

## 法国面粉

一般法国师傅依照不同的面包采用不同种类的面粉，最常使用的种类为标准小麦面粉、全麦面粉、黑麦粉、黑麦混合粉及石磨面粉。安东磨坊红标 T65 面粉采用特殊的耕作方式，与农民、谷仓及磨坊之间签订了特殊的契约，由挑选小麦品种开始就严格把关。在收成后，由自家配粉技师尝试混合不同品种的小麦，并挑选出最适合的比例，而这一年就会以此最佳比例来配制面粉。因此红标 T65 的面粉特性与品质可确保在一年中是相同的，在操作上具有非常好的稳定性。

### 无盐发酵黄油
制作面包一般采用无盐黄油，比较好控制配方中的盐量。

### 有盐发酵黄油
含盐的发酵黄油主要可用在馅料中，或是增添风味用，也可以直接涂抹面包或贝果上搭配食用。

### 全蛋
在制作过程中加蛋，可以增加成品的营养价值，烘烤过后还可以有天然的金黄色泽。

### 无盐发酵黄油片
长方片状的无盐发酵黄油适合用于制作"可颂"和"丹麦面包"，在裹油的步骤中使用很方便。

### 新鲜酵母
新鲜酵母保存期限比较短，大约为三星期，而且含水量较高，建议放在冰箱冷藏保存。使用新鲜酵母所需的发酵时间较短，但是发酵效果没有干性酵母来得好。

### 水
水在烘焙中最重要的作用是融合面粉、酵母、盐等材料，还可以增加面团的酸度，使酵母的发酵作用更活跃。

## 艾力克全蛋液配方

### 材　料

蛋黄 100 克

动物性淡奶油 65 毫升

水 45 毫升

### 做　法

1. 将蛋黄用打蛋器打散后，加入动物性淡奶油及水搅拌均匀即可。

2. 面团在进烤箱前，用刷子涂上薄薄一层，可以让面包烤出的色泽
　更漂亮，也可以增加表面的风味。

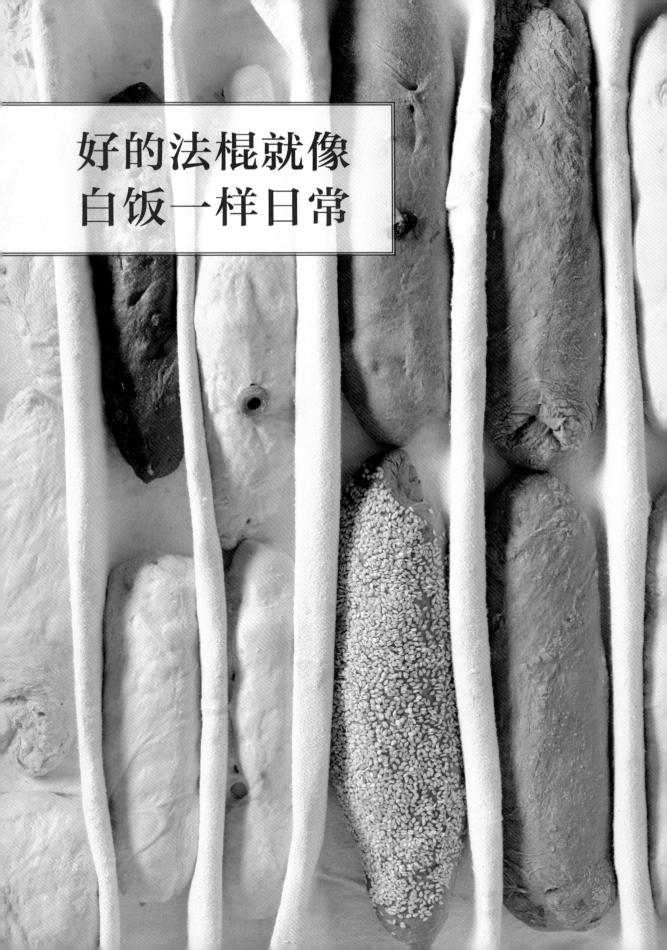

好的法棍就像
白饭一样日常

Chapter 2

# 传统法国面团

*Pate Tradition*

传统法国面团是由面粉、水、盐、酵母揉和而成的基础面团，也是欧式面包最经典的原形。无油、糖、蛋奶的面团制作出的面包健康无负担，且因为材料简单，可以衍伸出更多样的变化与风味。传统法国面团使用的自解法（autolyse），是由法国面包大师雷蒙（Raymond Calvel）研发出来的，他致力于打造具有法国特色的面包，还出版了专业书籍，影响了许多人。电影《美味关系》中，犹如美国傅培梅的茱莉亚·柴尔德（Julia Child），和将法式料理带入美国的作家西蒙尼·贝克（Simone Beck），都是他的学生。自解法就是慢速搅拌面粉、水，静置20分钟到1小时，让面粉有充裕的时间吸水、发展面筋，等自解法完成后，才能再加入盐、酵母，避免这两样材料影响面筋的成长。

材　料

新鲜酵母
6 克

水 350毫升
（使用于自解法）

岩盐
10 克

水 10毫升
（使用于溶解酵母）

法国红标
T65面粉
550 克

## 做 法

**01**

将法国面粉和水混合均匀，搅拌约2分钟，直到看不见面粉为止。盖上保鲜膜，让面团自解1小时。

**02**

新鲜酵母加入水溶解后，缓慢地分次加入面团中并搓揉均匀。

**03**

直到水分吸收完毕后，再加入盐；接着以掌根施力搓揉面团，使面团表面光滑，大约搓揉2分钟。

**04**

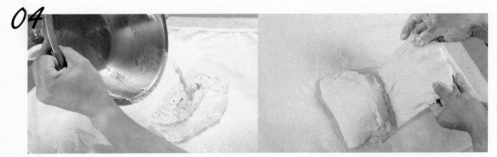

将面团放置发酵布上，轻轻摊平成长方形，由左折起面团的三分之一，再由右折起面团。

**05**

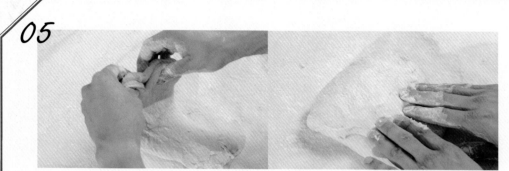

接着由上向下折至三分之二处，再将下方三分之一由下往上翻折。

**06**

面团封口朝下放至钢盆里（钢盆要比面团大两倍），用保鲜膜密封，保鲜膜勿接触到面团，进行第一次发酵，时间 40 分钟。

**07-08**

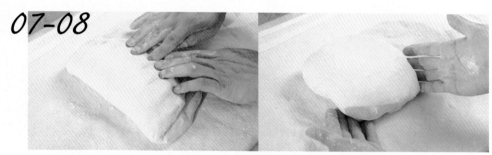

· 在桌面撒上些许面粉，把面团倒扣至桌面，重复进行做法 4 到 5 的动作一次，再用保鲜膜封起，进行第二次发酵，时间 20 分钟。

· 第二次发酵后，再重复进行做法 4 到 5 的动作，盖上塑料纸或是保鲜膜放进冰箱，发酵 24 小时后即可使用。

◆ ──── • TIPS • ──── ◆

1. 夏季若室温高，请使用冰水，避免搅拌温度过高。

2. 自解法是让面团在未加酵母前静置休息，以充分吸收水分，并延展筋性。

3. 由于法国面团水分高，故可以沾湿双手进行折叠的动作，避免黏手。

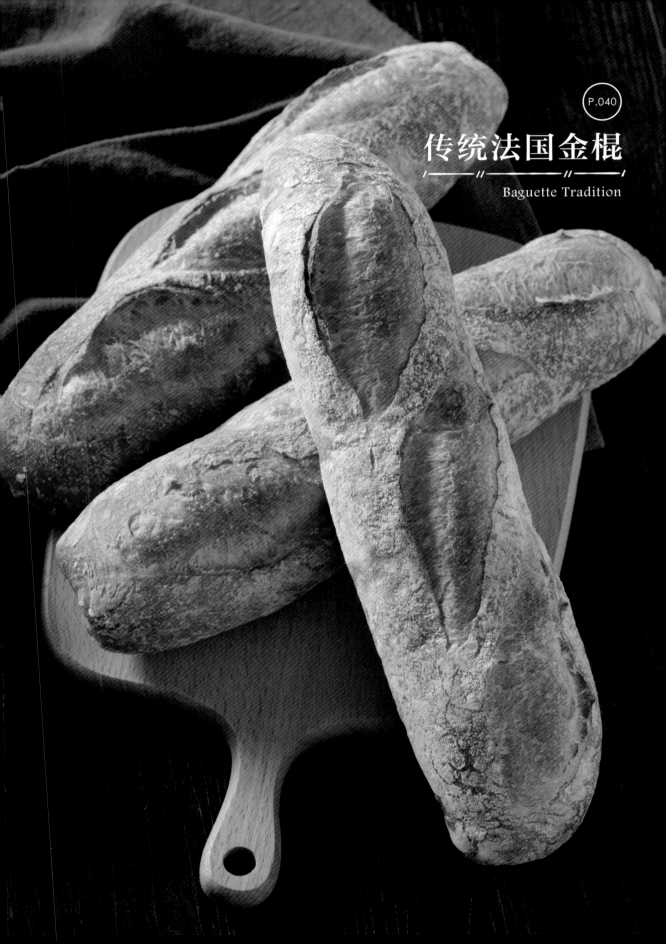

# 传统法国金棍

## Baguette Tradition

# 传统法国金棍

传统法国金棍面包是法国人的主食，除了嚼食时散发浅浅麦香，没有再多的味蕾刺激，算是一款"百搭"的面包，也是艾力克面包店里的常备款，配罗宋汤、浓汤、洋葱汤，或和炖杂菜、牛肉等一起吃，均匀的孔洞吸附住菜的酱汁，入口富有嚼劲、滋味丰富，是法式餐桌上必备的焦点。在法国，以全手工方式发酵、揉面、烘烤的面包，才能称得上真正的手工面包（pain maison）。手工做法不似机器精准，却能让面包保有自己的个性，这更考验面包师傅观察、应变的能耐，当然最重要的还是保持随兴的心情，以及柔软的手劲。有法国面包初学者，不妨从这款基本的传统法国金棍面包开始，慢慢培养对面团发酵、揉捏、烘烤的感觉。

**材料**    传统法国面团    220 克（1 份）

## 做法

### 01

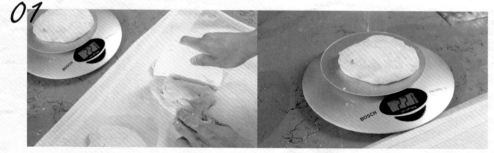

取出低温发酵完成的〈传统法国面团〉，倒扣至发酵布上（也可以直接在桌面撒粉进行）；将面团分割成每份 220 克，切割时尽量保持面团的完整性，避免消气、破坏组织及气孔。

### 02

面团由上向下折至三分之二处，再继续从上向下翻折一次，使封口面朝下，而后静置松弛回温约 15 至 20 分钟。

## 03

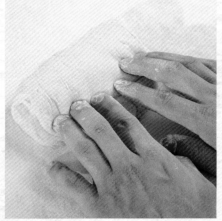

将封口面朝上，将面团延展成长方形，由上往下折至三分之二处；转180°后，再由上往下折至二分之一处。*

## 04

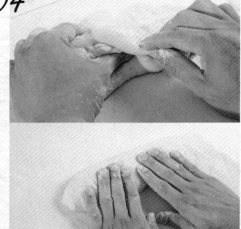

再转回180°，从面团右端开始，左手拇指垫在面团里，右手将前方面团往回抹并压住边，让空气仍然保留在面团里。

## 05

以双手搓揉面团，向两边滚动，使面团延长至约26厘米长；面团封口朝下放至发酵布上，进行最后发酵，发酵至两倍大。

## 06

将发酵好的面团封口朝下放至烤盘，在面团表面撒些面粉，并以小型锯齿刀在面团上方割出3道斜线。

## 07

烤箱预热至250℃，喷水3秒；将面团放入烤箱，烘烤18分钟，即可出炉。

编者注：*这一步中是将面团3折，编者在作者课堂中也见到其采用对折的方法，而后将面团稍拉长、按扁，即可接下一步操作（接口朝前，垫左手拇指，往回抹压）。

# 原味脆皮吐司

熟悉烘焙、甜点的人应该都不陌生，所谓的"脆口""香酥"口感，多半是在面团中加入大量的油脂，才会形成。但这道原味脆皮吐司揉面的过程中，不添加盐、糖，而用烘烤特性将吐司表面上色。水解法制作的面团，经过的搅拌次数较低，有紧实的面筋组织，也能让外皮在烘烤后更酥脆，口感不似一般吐司皮较厚硬，而像法国金棍面包一样，爽脆而没有负担。也因为没有多余的油脂，所以非常适合用来制作帕尼尼类型的三明治。

| 材料 | | |
|---|---|---|
| 传统法国面团 | 500 克（1 份） | |
| 375 克吐司模 | 1 个 | |
| 无盐发酵黄油 | 适量 | |

## 做法

### 01-02

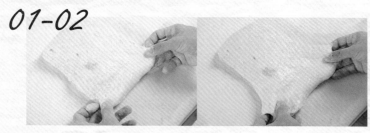

· 取出低温发酵完成的〈传统法国面团〉，倒扣至发酵布上（也可以直接在桌面撒粉进行）；将面团分割成每份 500 克，切割时尽量保持面团的完整性，避免消气、破坏组织及气孔。
· 将面团延展成长方形，长边面向自己。

### 03　　04

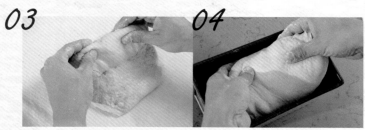

· 以双手由上往下卷起，收口确实接合。
· 收口朝下放入吐司模中，放入烤箱以 25℃发酵，至吐司模三分之二的高度。

### 05-06

· 烤箱预热至 250℃，喷水 3 秒；将发酵好的面团放入烤箱，烘烤 30 分钟后，降温至 220℃，避免面包顶部上色过深，再加烤 10 分钟即可出炉。
· 出炉后可以涂上适量无盐发酵黄油增添香气。

P.042

原味脆皮吐司

Toast Tradition

P.045

地中海法国

La Méditerranéenne

# 地中海法国

地中海饮食近几年受到追捧。以多样的豆类、蔬菜、香料、橄榄油与鱼鲜类烹调，是地中海饮食的主要特色。这个 " 地中海法国 " 面包一样以传统面团为基底，均匀地铺上地中海配料，在黑橄榄、番茄干、墨西哥辣椒点缀之下，像极了披萨。此外，这道面包还加入了台湾元素 —— 油葱酥。自制的油葱酥是将猪板油炸完挑出猪肉后，熄火，将洗净的红葱一瓣瓣丢入锅中慢慢搅拌，再重启小火炒成。口味丰厚的油葱酥，搭配上清爽的地中海果物，与小麦面香混合，让你越嚼唇齿越香。

**材料**

意大利香料
适量

橄榄油
适量

油葱酥
20 克

番茄干
40 克

墨西哥辣椒
20 克

黑橄榄
40 克

传统法国面团
840 克（6 份）

## 〰️〰️ 做　法

**01-02**

- 将黑橄榄、番茄干、墨西哥辣椒及油葱酥切碎后，与橄榄油及意大利香料混合均匀。
- 取出低温发酵完成的〈传统法国面团〉，倒扣至发酵布上；将面团分割成每份 160 克，再轻轻摊平成长方形，均匀铺上地中海配料。

**03**

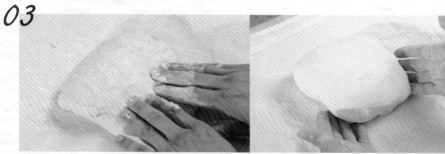

面团由上向下对折至三分之二处，继续从上向下翻折一次，使封口朝下，静置松弛回温 15 至 20 分钟。

**04-05**

- 将封口朝上，将面团延展成长方形，由上往下折至三分之二处；转 180° 后，再由上往下折至二分之一处；再转回 180°，从面团右端开始，左手大拇指垫在面团里，右手将前方面团往回抹并压住边，保留空气。
- 以双手搓揉面团，使面团两端成为圆头形。

## 06—07

· 以双手搓揉面团，使面团两端成为圆头型；封口朝下放至发酵布上，进行
  最后发酵至两倍大。
· 将发酵好的面团封口朝下放至烤盘，在面团表面撒些许面粉，并以小型锯
  齿刀在面团中间割出1道痕，露出馅料（若露出不够，可以撒上一些馅料
  在表面）。

## 08

烤箱预热至250℃，喷水3秒；
将面团放入烤箱，烘烤18分
钟即可出炉。

◆ ——————— • TIPS • ——————— ◆

出炉后也可以涂上些许橄榄油增添风味。

P.050

# 巧克力金橘

## Chocolat Orangé

**02**

面团由上向下对折至三分之二处，再由上向下翻折一次，使封口面朝下，静置松弛回温 15 至 20 分钟。

**03-04**

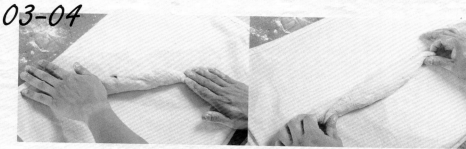

· 将封口朝上，将面团延展成长方形，由上往下折至三分之二处；转 180 度后，再由上往下折至二分之一处；再转回 180 度，从面团右端开始，左手大拇指垫在面团里，右手将前方面团往回抹并压住边，保留空气。
· 以双手搓揉面团使之延长，而后在面团两端用双手相互反向搓揉形成尖头；面团封口朝下放至发酵布上，进行最后发酵至两倍大。

**05**

将发酵好的面团封口朝下放至烤盘，在面团表面撒些许面粉，并以小型锯齿刀在面团上方割出 2 道斜线。

**06-07**

· 烤箱预热至 250℃，喷水 3 秒；将面团放入烤箱，烘烤 18 分钟即可出炉。
· 出炉后可以趁热涂上适量橄榄油增添香气。

◆━━━━━━ · TIPS · ━━━━━━◆

1. 喜欢橄榄的朋友，将馅料分量加 50% 也没有问题喔！
2. 橄榄油可加入些许意式香料和意大利酒醋，制成调味酒醋酱，无论是做料理或蘸面包都很适合！

P.055

# 艾曼塔乳酪麦穗

Épi Emmental

# 艾曼塔乳酪麦穗

艾曼塔（Emmental）乳酪起源于瑞士中西部艾曼托小镇，这种乳酪的外型圆扁、质地较硬，切开后还会有孔洞（乳酪眼），和许多卡通里描绘的乳酪形象相符，制作的方法是以高温煮牛乳，排除牛乳中的水分让乳酪团成形。大家所熟知的切达起司也是类似做法的乳酪。除了瑞士外，法国萨瓦地区、康提地区的乳酪也是很棒的艾曼塔乳酪产区。乳酪淡淡的咸味与油脂，和软弹的面团搭配起来相得益彰，咸香温润，让人吃起来想一口接一口。

 **材　料**　　传统法国面团　　120 克（1 份）
法国艾曼塔乳酪　25 克

## 做　法

1. 取出低温发酵完成的〈传统法国面团〉，倒扣至发酵布上（也可以直接在桌面撒粉进行）；将面团分割成每份 120 克的长方形面团，切割时尽量保持面团的完整性，避免消气、破坏组织及气孔；轻轻滚圆，静置松弛回温 20 分钟。

2. 将面团轻轻摊平成长方形，把艾曼塔乳酪放至面团中心，由上往下折两次将乳酪包覆并封口。

3. 封口朝下放至烤盘，进行最后发酵至两倍大。

4. 将发酵好的面团用剪刀以倾斜 45°角剪开，再以左右交错的方式向两旁分开（不断开）。

5. 烤箱预热至 250℃，喷水 3 秒；将面团放入烤箱，烘烤 12 分钟即可出炉。

◆ ━━━━━━━━━ • TIPS • ━━━━━━━━━ ◆
这款起司面包非常适合搭配红酒食用。

P.057

# 培根起司面具
Fougasse Lardon-Fromage

**01**

将法国面粉、裸麦粉、黑麦芽粉和水混合均匀，搅拌约 2 分钟，直到看不见面粉为止，让面团自解 1 小时。

**02**

新鲜酵母加入水溶解后，缓慢地分次加入面团中。

**03**

直到水分吸收完毕，再加入盐；以掌根施力搓揉面团，使面团表面光滑，大约搓揉 2 分钟。

**04**

将面团轻轻摊平成长方形，由左折起面团的三分之一，再由右折起面团；接着由上向下折至三分之二处，再将下方三分之一由下往上翻折。

**05** 面团封口朝下放至钢盆里（钢盆要比面团大两倍），用保鲜膜密封，保鲜膜勿接触到面团，进行第一次发酵，时间 40 分钟。

**06**

在桌面撒上些许面粉，把面团倒扣至桌面，重复进行一次做法 4 的动作，再用保鲜膜封起，进行第二次发酵，时间 20 分钟。

**07**

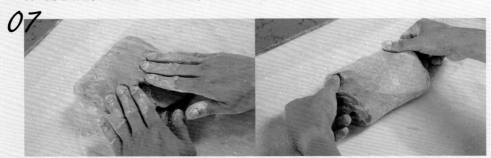

第二次发酵后，再重复进行做法 4 的动作，盖上塑料纸或是保鲜膜放进冰箱，发酵 24 小时后即可使用。

◆ ——————————— • TIPS • ——————————— ◆

1. 夏季若室温高，请使用冰水，避免搅拌温度过高。
2. 自解法（autolyse）是让面团在未加酵母前静置休息，使其充分吸收
   水分，并延展筋性。
3. 由于法国面团水分高，故可以沾湿双手进行折叠的动作，避免粘手。

P.064

# 乡村黑麦
Tradition Seigle

# 乡村黑麦

乡村黑麦棍子与前面法国传统长棍的材料并无太大差异，同样用最基本的面粉、水、盐、酵母几样简单材料，以低温发酵法制作而成，只不过乡村黑麦棍子混入了不同种类的面粉。传统的乡村面包制作中会把面团放入圆形或方形的藤篮中进行发酵，烘烤成形后会形成一条条漂亮的纹路，而这款面包是将面团搓成长条棍状，再轻巧地划上几刀，烘烤后成了颜色较深的棍子面包。嚼起来比起传统金棍，麦香味更浓厚，且以舌头轻抵，可以感受到些许颗粒的质地，口感十足。

 **材　料**　乡村黑麦面团　220克（1份）

**做　法**

**01**

取出低温发酵完成的〈乡村黑麦面团〉，倒扣至发酵布上（也可以直接在桌面撒粉进行）；将面团分割成每份220克。

**02**

面团由上向下对折至三分之二处，再继续从上向下翻折一次，使封口面朝下，静置松弛回温15至20分钟。

**03-04**

· 以手掌按压面团排出部分气体，并延展成长方形，封口面朝上，将前侧向中心折入三分之一，并轻轻接合。

· 面团转180度，再将面团前侧向中心折入接合处，并以手掌轻轻接合。

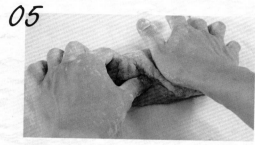

05

最后将面团由前向内对折，并以手掌确实按压接合。

06

封口处朝下，以双手搓揉面团，向两边滚动延长至约 26 厘米长。

07

封口朝下放至发酵布上，进行最后发酵至两倍大。

08

将发酵好的面团封口朝下放至烤盘，在面团表面撒些许面粉，并以小型锯齿刀在上方割出 3 道斜线，每道斜线重叠三分之一。

09

烤箱预热至 250℃，喷水 3 秒；将面团放入烤箱，烘烤 17 分钟即可出炉。

P.067

乡村黑麦吐司

Toast Seigle

# 乡村黑麦吐司

加入综合谷物的乡村黑麦吐司，切面含有许多碎小的颗粒，除了视觉上予人一种很"充分"的感觉，吃起来也相当有饱足感，忙碌的早晨，切几片黑麦吐司，搭配上牛奶、豆浆或咖啡等，加上一点水果，就是简单营养又好吃的一餐。全谷类的面包升糖素（GI）较低，比起吃精致的淀粉类，更能稳定血糖，早上也比较不容易昏昏沉沉、精神不济。

**材　料**
375 克吐司模　1 个
无盐发酵黄油　适量

乡村黑麦面团
500 克（1 份）

综合谷粒
（小麦粒、亚麻子、
葵瓜子仁、燕麦片、
芝麻、玉米片）
适量

**01** 取出低温发酵完成的〈乡村黑麦面团〉，倒扣至发酵布上（也可以直接在桌面撒粉进行）；将面团分割成每份 500 克，切割时尽量保持面团的完整性，避免消气、破坏组织及气孔。

**02**

将面团延展成长方形，长边面向自己，以双手由上往下卷起，收口确实接合。

**03**

面团表面沾湿，并均匀沾上综合谷粒。

**04**

面包收口朝下放入吐司模中，等待发酵至吐司模三分之二的高度。

**05**

烤箱预热至 250℃，喷水 3 秒；将发酵好的面团放入烤箱，烘烤 30 分钟后，降温至 220℃，避免面包顶部上色过深，再加烤 10 至 15 分钟即可出炉。

◆ ━━━━━━━━━━━ ● TIPS ● ━━━━━━━━━━━ ◆

面团卷起前，也可以铺上葡萄干，增添吐司的风味喔！

P.071

# 芝麻乡村棍子

Seigle au Sésame

# 芝麻乡村棍子

芝麻是许多家庭中常备的配料，富含营养，如钙质与其他矿物质，有特殊的香气，同时也是许多欧包里爱用的一种食材，黑麦面团撒上芝麻，烘烤时除了面香，还增加了一层芝麻的香气，很简单却很诱惑人。

决定要出书，公布多道拿手面包食谱的时候，身旁比较熟的朋友问艾力克，难道不怕被轻松学走吗？对于这一点，艾力克倒是很豁达，做法国面包真的太容易了啊，怕也没有用，且通过他传递出正统法式的做法，能让更多人吃得更放心一些。法国面包只需一个基础的面团加上家里现有的配料，就可以烘烤出炉，最重要的秘方，还是在于烘焙时的美好心情！艾力克提供了做法，在书面前的烘焙爱好者们，只要准备好心情就可以啦！

**材 料**

| | |
|---|---|
| 乡村黑麦面团 | 220 克（1 份） |
| 白芝麻 | 适量 |

## 做 法

1. 取出低温发酵完成的〈乡村黑麦面团〉，倒扣至发酵布上（也可以直接在桌面撒粉进行）；将面团分割成每份 220 克。

2. 面团由上向下对折至三分之二处，再继续由上向下翻折一次，使封口朝下，静置松弛回温 15 至 20 分钟。

3. 以手掌按压面团排出部分气体，并延展成长方形，封口面朝上，将前侧向中心折入三分之一，并轻轻接合。

4. 面团转 180°，将前侧面团向中心折入接合处，以手掌轻轻接合。

5. 最后将面团由前向内对折，并以手掌确实按压接合。

6. 封口处朝下，以双手搓揉面团，向两边滚动延长至约 26 厘米长，两端成为尖头型（双手交错揉动可成）。

7. 面团表面沾湿，并均匀粘上芝麻。

8. 封口朝下放至发酵布上，进行最后发酵至两倍大。

9. 将发酵好的面团封口朝下放至烤盘，在面团表面撒些许面粉，并以小型锯齿刀在面团中间割一道直线。

10. 烤箱预热至 250℃，喷水 3 秒；将面团放入烤箱，烘烤 17 分钟即可出炉。

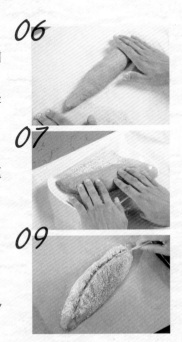

P.073

蔓越莓起司乡村

Cranberries Fromage

# 蔓越莓起司乡村

这款面包外形讨喜，味道甜咸交错，是艾力克的店里很热卖的一款。蔓越莓的点点红、乳酪的鹅黄，镶嵌在咖啡色的面包里，不仅色彩调和，且对于不习惯吃纯麦香欧式面包的人来说，酸甜中带着乳酪的咸香、富有层次的味道也可以让他们吃得不亦乐乎。

| 材　料 | 乡村黑麦面团 | 160 克（1 份） |
|---|---|---|
| | 蔓越莓干 | 20 克 |
| | 奶油乳酪 | 15 克 |

### 做　法

1. 取出低温发酵完成的〈乡村黑麦面团〉，分割成每份 160 克。

2. 将面团延展至长方形后，均匀铺上蔓越莓干和奶油乳酪。

3. 面团由前向内封口，封口朝下放至发酵布上，进行最后发酵至两倍大。

4. 将发酵好的面团封口朝下放至烤盘，在面团表面撒些许面粉，并以小型锯齿刀在面团中间割一道直线。

5. 烤箱预热至 250℃，喷水 3 秒；将面团放入烤箱，烘烤 17 分钟即可出炉。

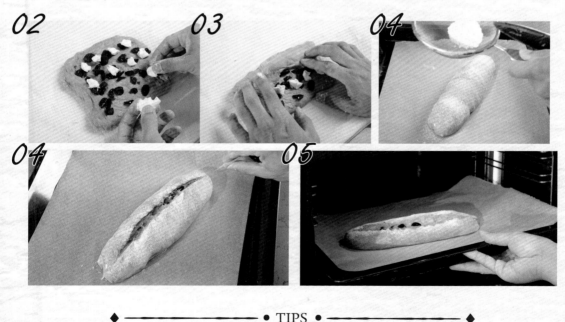

◆───── • TIPS • ─────◆

蔓越莓干可以先浸渍兰姆酒一晚再使用。

# 蜂蜜法国面团

*Tradition au Miel*

对于吃不惯传统欧包的人来说，改良过的蜂蜜法国面包是很棒的选择。直接烘烤蜂蜜法国面团而成的面包，单吃起来麦香中含有淡淡蜂蜜的甜味，与咀嚼谷物后产生的甜味交融在一起，令人回味无穷。说到甜味的关键——蜂蜜，其实也是有季节性的。在台湾，春、秋两季产出的蜂蜜最多。约4到5月间，盛产龙眼蜜、荔枝蜜，香气较为特殊。而在其他月份，蜜蜂因为不同花的盛开，采回多种植物如咸丰草、蔓泽兰等的百花蜜。在网络上常看到以"蚂蚁不吃"来证明蜂蜜真假的流言，其实蜂蜜的真假是无法用这个方法来判定的，因为蚂蚁不吃，可能是因为蜂蜜浓度太高，无法吸食，经过稀释后（比如做成蜂蜜水），蚂蚁还是相当喜欢。比较准确的测定方法是将蜂蜜泡入水中搅拌，真正的蜂蜜会让水起白色泡沫，且静置了3到5分钟仍然不会消去。有了这项小知识后，若在选择食材时要更省事，可以向曾购买过，且信赖的蜂农购买蜂蜜，可以大幅减少买到假蜜的机会。

## 材料

岩盐
10克

蜂蜜
40毫升

水 20毫升
（使用于溶解酵母）

新鲜酵母
7克

水 300毫升
（使用于自解法）

法国红标T65面粉
550克

01

将法国面粉和水混合均匀，搅拌约 2 分钟，直到看不见面粉为止，让面团自解 1 小时。

02

新鲜酵母加入水溶解后，将酵母水和蜂蜜缓慢地分次加入面团中。

03

直到水分吸收完毕后，再加入岩盐；以掌根施力搓揉面团，使面团表面光滑，大约搓揉 2 分钟。

04

将面团轻轻摊平成长方形，由左折起面团的三分之一，再由右折起面团；接着由上向下折至三分之二处，再将下方三分之一由下往上翻折。

**05**

面团封口朝下放至钢盆里（钢盆要比面团大两倍），用保鲜膜密封，保鲜膜勿接触到面团，进行第一次发酵，时间40分钟。

**06**

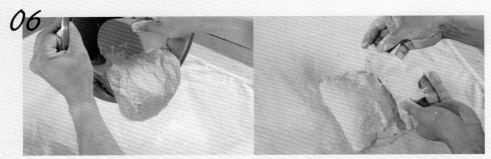

在桌面撒上些许面粉，把面团倒扣至桌面，重复进行一次做法4的动作，再用保鲜膜封起，进行第二次发酵，时间20分钟。

**07**

第二次发酵后，再重复进行做法4的动作，盖上塑料纸或是保鲜膜放进冰箱，发酵24小时后即可使用。

◆ ── • TIPS • ── ◆

1. 夏季若室温高，请使用冰水，避免搅拌温度过高。
2. 自解法（autolyse）是让面团在未加酵母前静置休息，使其充分吸收水分，并延展筋性。
3. 由于法国面团水分高，故可以沾湿双手进行折叠的动作，避免粘手。

# 蜂蜜南瓜酸奶

备材时使用生的南瓜丁，烘烤后，南瓜厚实的口感犹存，生成像暖阳一样的橘黄色的馅料，看起来温润可口，令人食指大动。而另一项重要的材料 —— 酸奶起司，很多烘焙爱好者可能不曾接触过。酸奶起司也叫做"希腊酸奶""水切酸奶"，简单来说就是把水滤掉过后的酸奶，呈现比酸奶更扎实的固态，而去除的水越多，起司的风味就越浓。酸奶起司因为有经过发酵，与起司的制程不同，相对地热量较低，吃起来也较无负担。

 **材　　料**

| | |
|---|---|
| 蜂蜜法国面团 | 160 克（1 份） |
| 南瓜丁 | 30 克 |
| 酸奶起司丁 | 15 克 |

## 做　　法

1. 取出低温发酵完成的〈蜂蜜法国面团〉，分割成每份 160 克，倒扣至发酵布上（也可以直接在桌面撒粉进行）；加入南瓜丁和酸奶起司丁。

2. 将面团由外向内折入，捏紧收口，揉成圆形。

3. 封口朝下放至发酵布上，进行最后发酵至两倍大。

4. 将发酵好的面团封口朝下放至烤盘，在面团表面撒些许面粉，并以剪刀在面团中间剪十字痕。

5. 烤箱预热至 240℃，喷水 3 秒；将面团放入烤箱，烘烤 16 分钟即可出炉。

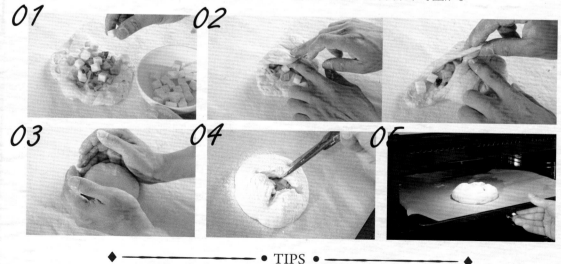

◆ ── • TIPS • ── ◆

可以换成味道比较重的起司，像是高达起司。

P.083

# 蜂蜜杂粮

Baguette aux Céréales

# 蜂蜜杂粮

这款面包应该是所有欧式面包店的必备款式，大量的五谷杂粮藏在微甜的面团里，吃起来不仅健康，也很顺口。然而，艾力克将这款面包做成小金棍的样式，很适合独享，也能确保面包在最鲜美的时候食用完毕。

## 材料

综合谷粒（小麦粒、亚麻子、葵瓜子仁、燕麦片、芝麻、玉米片）75 克

蜂蜜法国面团
870 克（6 份）

## 做法

### 01-02

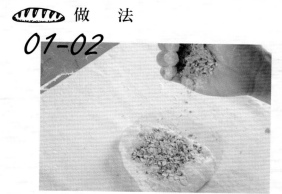

- 取出低温发酵完成的〈蜂蜜法国面团〉870 克，倒扣至发酵布上（也可以直接在桌面撒粉进行）；将面团分割成每份 145 克，切割时尽量保持面团的完整性，避免消气、破坏组织及气孔。
- 将面团延展成长方形，并均匀放入综合谷粒。

**03**

将面团由上往下对折至三分之二处；转180°后，再将面团由上往下折至二分之一处。

**04-05**

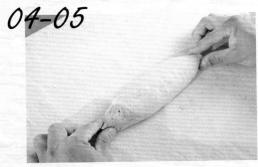

· 再转回180°，由上往下对折并以掌根确实按压面团，使之密合。
· 以双手搓揉面团，使面团两端成为尖头形；封口朝下放至发酵布上，进行最后发酵至两倍大。

**06**

将发酵好的面团封口朝下放至烤盘，在面团表面撒些许面粉，并以小型锯齿刀在面团上方割出2道斜痕。

**07**

烤箱预热至240℃，喷水3秒；将面团放入烤箱，烘烤16分钟即可出炉。

◆━━━━ • TIPS • ━━━━◆

如果特别喜欢综合谷粒的朋友，也可以在面团外部均匀沾上谷粒，增加口感的丰富度。

P.086

蜂蜜柑橘

Baguette Marmelade

# 蜂蜜柑橘

这款面包用多种柑橘类水果馅料组合而成，果酸十足。因为以蜂蜜渍过，三种柑橘丁酸中带甜。柚子的微苦、柠檬的酸、橘子的甜各突出了一些些，让柑橘的风味更富有不同的层次变化。在欧盟国家的普遍知识里，柑橘酱称作"marmalade"，词源于"Ma'am est malade"（法文的翻译是"夫人病了"），因当时有人拿糖渍的柑橘为夫人缓解晕浪症状而得。虽然典故如何不是重点，但了解面包、食材的小八卦、轶事，也为制作时增添更多想象的乐趣。

材　料

热开水
15 毫升

蜂蜜
15 毫升

柠檬丁
20 克

柚子皮丁
30 克

意大利橘子皮丁
60 克

蜂蜜法国面团
870 克（6 份）

## 做 法

1. 将柚子皮丁、意大利橘子皮丁和柠檬丁加入蜂蜜和热开水搓开，静置冷藏一天，完成蜜渍柑橘丁。

2. 取出低温发酵完成的〈蜂蜜法国面团〉870克，倒扣至发酵布上（也可以直接在桌面撒粉进行）；将面团分割成每份145克，切割时尽量保持面团的完整性，避免消气、破坏组织及气孔。

3. 将面团延展成长方形，并均匀放入蜜渍柑橘丁。

4. 将面团由上往下对折至三分之二处；转180°后，再将面团由上往下折至二分之一处；再转回180°，由上往下对折并以掌根确实按压面团，使之密合。

5. 以双手轻轻滚动面团，整形成橄榄形。

6. 封口朝下放至发酵布上，进行最后发酵至两倍大。

7. 将发酵好的面团封口朝下放至烤盘，在面团表面撒些许面粉，并以小型锯齿刀在面团上方割出4道斜痕。

8. 烤箱预热至240℃，喷水3秒；将面团放入烤箱，烘烤16分钟即可出炉。

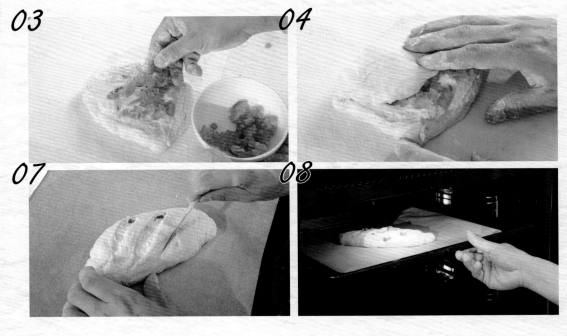

◆ ━━━━━━━━━━━ • TIPS • ━━━━━━━━━━━ ◆

柚子皮丁、意大利橘子皮丁和柠檬丁也可以用干邑橙酒浸渍一晚。

法棍外传

调味
法国面包

调味的法国面包，融入更多一般大众喜爱的元素，也将具有中华特色的配料、异国元素巧妙地置入，除了增加市场的接受度之外，有时也意外地造成讨论与话题，都是艾力克乐见的。

P.091

# 普罗旺斯起司

## Provence Chesse

# 普罗旺斯起司

南法普罗旺斯，是艾力克在法国后期居住六年的城市。平日面包店多是常客光顾，在规律的时间早起，温暖的金色阳光洒进面包店的小窗，开始上工，有的时候做面包，有时则在外和老顾客聊聊天，下了班便开着车到附近的海边吹风，晒晒夕阳，约莫八点才找些好朋友吃晚餐、小酌，日子过起来很惬意。普罗旺斯面包混合起司丁和南法多产的香料，适合悠闲的下午，配着午茶一同享用。

**材　料**

| | |
|---|---|
| 传统法国面团 | 300 克（1 份） |
| 埃曼塔起司丁 | 80 克 |
| 意大利香料 | 适量 |

## 做　法

**01**

取出低温发酵完成的〈传统法国面团〉300 克，倒扣至发酵布上（也可以直接在桌面撒粉进行），将面团擀成长方形（长 20 厘米、宽 18 厘米）。

**02**

均匀放上埃曼塔起司丁。

*03*

接着洒上适量的意大利香料。

*04*

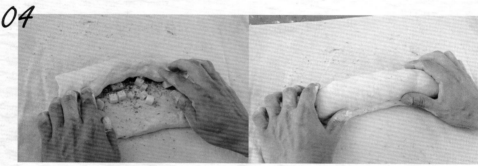

将面团由上往下卷起，封口朝上放至发酵布上，进行最后发酵至 1.5 倍大。

*05*

将发酵好的面团封口朝上放至烤盘，在表面撒些许面粉，并以小型锯齿刀在面团上方割出 2 道斜线装饰。

*06* 烤箱预热至 240℃，喷水 3 秒；将面团放入烤箱，烘烤 22 分钟即可出炉。

◆────────── • TIPS • ──────────◆

可以在制作面团时的水解阶段，
直接加入意大利香料增加风味。

# 梅干扣肉

Spécialité Hakka

# 梅干扣肉

艾力克的老家在苗栗头份\*，是个道地的客家子弟，对于客家菜有着一份特殊的情感。离开台湾多年，再回到故乡，童年记忆中的几道料理逐渐从模糊渐而清晰，那是一种很奇妙的人生体会。正值高中年轻就离家，其实他对故乡的掌握并不多，说实在那时反而有点想就这么流浪远方了，在外闯荡多年后，有天竟然想家了，才慢慢开始重新积极而主动地去认识自己的小时候。梅干扣肉，是一般人对客家菜的第一印象，也正因此选择入面团，更充分地传达他选择回到台湾以后，又很希望把在外习得的养分深耕进故乡的那种心情。偷偷告诉大家，艾力克店里的这款面包所使用的梅干扣肉，都是艾力克妈妈亲手做的！

| **材　料** | |
| --- | --- |
| 传统法国面团 | 300 克（1 份） |
| 乳酪丝 | 40 克 |
| 梅干扣肉 | 50 克 |
| 黑胡椒 | 适量 |

## 做　法

**01**

取出低温发酵完成的〈传统法国面团〉300 克，倒扣至发酵布上（也可以直接在桌面撒粉进行），将面团擀成长方形（长 30 厘米、宽 18 厘米）。

**02**

均匀撒上乳酪丝。

编者注：\* 头份是台湾苗栗县北部的一个城镇。

94

**03**

接着放上梅干扣肉。

**04**

将面团由上往下卷起，封口朝上放至
发酵布上，进行最后发酵至 1.5 倍大。

**05**

将发酵好的面团封口朝上放至烤盘，
在面团表面撒些许面粉，并以小型锯
齿刀在面团上方割出 2 至 4 道斜线装
饰，并撒上黑胡椒。

**06** 烤箱预热至 240℃，喷水 3 秒；将面团放入烤箱，烘烤 24 分钟即可出炉。

◆ ——————— • TIPS • ——————— ◆
只有艾力克的妈妈做的梅干扣肉是最好吃的！（笑）

P.097

熏鸡青酱

Pain au Poulet Pesto

# 巧克力起司

巧克力与起司，是许多女孩一想到甜点，脑中就立刻蹦出的关键字，可以称得上是国民甜点元素。这款面包贪心地收编了两种女孩的最爱，一甜一咸的融合与冲击，光是想象就觉得非吃不可，难怪有的人说，会做甜点的男人很有魅力，原来是因为光是这项能力，就能够提供吃货女孩们无限想象的空间。

| 材料<br>（2份） | 法国红标 T65 面粉 | 330 克 | 岩盐 | 6 克 |
|---|---|---|---|---|
| | 水（使用于自解法） | 215 毫升 | 巧克力粉 | 15 克 |
| | 新鲜酵母 | 4 克 | 水滴巧克力 | 70 克 |
| | 水（使用于溶解酵母）12 毫升 | | 乳酪丁 | 140 克 |

## 做　法

1. 〈传统法国面团〉在做法 1 的面粉和水进行混合时，同时加入巧克力粉，进行自解 1 小时；再将新鲜酵母加入水溶解后，缓慢地分次加入面团中，直到水分吸收完毕后，再加入盐；以掌根施力搓揉面团，使面团表面光滑，大约搓揉 2 分钟。

2. 将巧克力粉面团轻轻摊平成长方形，均匀铺上水滴巧克力；由左折起面团的三分之一，再由右折起面团；接着由上向下折至三分之二处，再将下方三分之一由下往上翻折；面团封口朝下放至钢盆里，以保鲜膜密封，进行第一次发酵，时间40 分钟。

3. 在桌面撒上些许面粉，把面团倒扣至桌面，重复进行一次做法 2 的动作，再用保鲜膜封起，进行第二次发酵，时间 20 分钟；第二次发酵后，再重复进行做法 2 的动作，盖上塑料纸或是保鲜膜放进冰箱，发酵 24 小时后即可使用。

4. 取出低温发酵完成的传统法国巧克力面团，倒扣至发酵布上（也可以直接在桌面撒粉进行），将面团分割一半（可制作两份），再把面团擀成长方形（长 20 厘米、宽 18 厘米）。

5. 在每个面团上均匀放上 70 克的乳酪丁；将面团由上往下卷起，封口朝上放至发酵布上，进行最后发酵至 1.5 倍大。

6. 将发酵好的面团封口朝上放至烤盘，在面团表面撒些许面粉，并以小型锯齿刀在面团上方割出 3 道斜线装饰；烤箱预热至 240℃，喷水 3 秒；将面团放入烤箱，烘烤 22 分钟即可出炉。

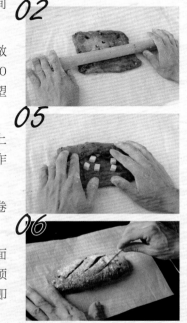

# 柔软绵密的
# 法国奶油面包

Chapter 3

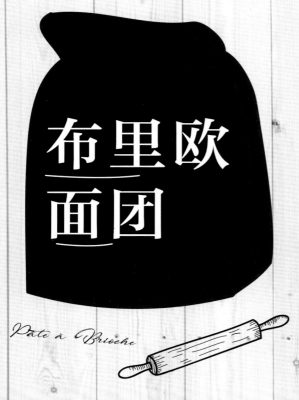

# 布里欧面团

*Pâte à Brioche*

布里欧（brioche）面团与前述的法国面包，在材料与制程上有挺大的差异。在法国诺曼底地区盛产牛奶，酪农们把乳清、蛋加到面团里做成面包，造就了口感湿润、富含油脂的布里欧，它原本是一款极为平民的面包，却因为额外课征的奶油税逐渐成为有钱人才有得吃的款式。总之到后来，为人所熟知的玛丽皇后"何不吃布里欧修"（有点"何不食肉糜"的意味）事件激怒了法国人，虽然后来有历史学家写文章为玛丽皇后平反，但当时民不聊生的状况严重，如此的解释也已经无法安抚法国人的心。为了让布里欧口感蓬松柔软，捏面的时候有两点需要特别注意：首先，建议不要搅拌过度让布里欧出筋太多，其次，便是要注意发酵的时间，发酵过度的布里欧面团，会产生许多气孔，让面团在烘烤时容易塌陷而影响吃起来的口感。

材料

法国T55面粉 210克

无盐发酵黄油（常温） 115克

全蛋 150克

新鲜酵母 12克

奶粉 15克

法国T45面粉 210克

盐 8克

水 90毫升

细砂糖 70克

做 法

## 01

将水和新鲜酵母混合搅拌溶解。

## 02

在操作区倒上所有面粉、细砂糖、盐、奶粉；酵母水分两次慢慢倒入面团里吸收。

## 03

此时再加入全蛋，搓揉 3 到 5 分钟至表皮光滑；将面团滚圆后放入钢盆，封上保鲜膜，静置 20 分钟。

*04*

取出面团，再分三次加入常温黄油，搓揉面团至黄油吸收（避免一次加入导致面团无法形成筋性）。

*05*

将面团滚圆翻面后，放入钢盆封上保鲜膜，进冷藏室6小时后即可使用。

◆ ──────── • TIPS • ──────── ◆

1. 通过发酵水解法，面团会产生筋性。
2. 面团应于24小时内使用完。

P.108

# 原味布里欧

Brioche au Sucre Perlé

# 原味布里欧

布里欧常见的外形有两种 —— 僧侣布里欧（brioche à tête）和南泰尔布里欧（brioche nanterre）。传统的僧侣布里欧是将面团捏出一大一小的两个圆球，叠成类似葫芦的形状，坐放在菊花模中，再撒上珍珠糖烘烤成形。南泰尔布里欧是吐司。这款原味布里欧面包造型较为简单，是长条形，有别于传统的僧侣布里欧。T65、T45两种面粉混合，让布里欧的口感比传统金棍面包更为柔软，此外，通过大量的牛奶与黄油、糖，打造出香甜浓郁而松软的口感，使它也被法国人视为甜点、甜面包，一般会搭上咖啡、巧克力一同食用。

## 材 料

全蛋液
适量

珍珠糖
适量

布里欧面团
90克（1份）

 做 法

**01**

将〈布里欧面团〉分割成每份90克，因含油量高，可以滚圆后放冷藏室15分钟再使用。

**02**

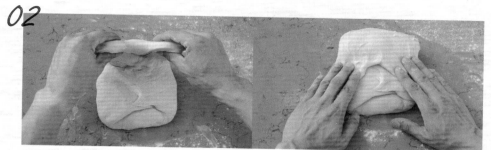

将面团由外向内折入，封口朝上，再重复一次折入的动作。

**03**

用双手将面团搓揉成长条状，约15厘米长；放入烤箱以25℃发酵至两倍大后取出。

**04**

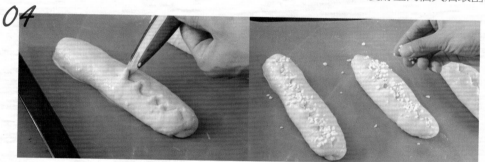

将发酵好的面团放至烤盘，刷上全蛋液后，用剪刀在面团上方连续剪出一条开口（没有剪到底），再撒上些许珍珠糖。

**05**

烤箱预热至170℃，将面团放入烤箱，烘烤15分钟即可出炉。

◆ —————— • TIPS • —————— ◆

在法国的面包店会将这款布里欧面包中间剖半，再夹入巧克力棒或片，是法国的小学生下课后常见的小点心。

P.111

# 布里欧吐司

Brioche Nantaise

# 布里欧吐司

布里欧吐司其实就是南泰尔布里欧（brioche nantaise），在长方形的烤模中，排入一个一个小圆球布里欧面团，发酵膨胀时，面团与面团会紧紧相连相依，出炉时就成了吐司的形状。奶油，是布里欧面团完美发酵的关键，使用法国上等、百分百动物性无盐黄油发酵而成的产品，让面包吃起来很顺口，且余韵无穷，不仅如此，面包的色泽也可以呈现较漂亮的金黄色。

**材料**

375 克吐司模　1 个　　　　　　布里欧面团
全蛋液　　　　适量　　　　　　360 克（1 份）

杏仁角
适量

杏仁片
适量

珍珠糖
适量

**做 法**

**01**

将〈布里欧面团〉分割成 6 小份 60 克的面团，放入冷藏室 20 分钟，增加筋性。

*02*

取出面团后，将每个面团滚圆。

*03*

将面团放入吐司模中，放入烤箱以
25℃发酵，发酵至吐司模约二分之一
的高度后取出。

*04*

将发酵好的面团放至烤盘，刷上全蛋
液后，撒上些杏仁片、杏仁角和珍珠
糖。

*05*

烤箱预热至160℃；将面团放入烤箱，
烘烤25分钟即可出炉。

P.114

咕咕洛夫布里欧

Kouglof

# 咕咕洛夫布里欧

咕咕洛夫（kouglof）布里欧，它的起源与故事众说纷纭，有的说是来自奥地利，有的说来自法国阿尔萨斯，或是瑞士等，很难有个定论，但也从这里可以发现欧洲人对它的着迷程度之高。咕咕洛夫是欧洲家庭在圣诞节时必备的一款面包，而在法国婚宴上，也不难看到咕咕洛夫的踪影，可见其深受喜爱。它沿用布里欧甜而柔软的面包口感，再加上淡淡的酒香、葡萄干的酸甜、杏仁的香脆，撒上雪白的糖粉，甜蜜浪漫的氛围回旋在咕咕洛夫的圆圈中，让人从味觉到视觉都感染到了幸福。

**材料**

咕咕洛夫模　1个
糖粉　　　　适量

葡萄干
60克

杏仁片
适量

布里欧面团
300克（1份）

兰姆酒
适量

114

**做　法**

**01** 先将葡萄干用兰姆酒腌渍一个晚上备用。

**02**

取〈布里欧面团〉300 克，擀成长方形；放上酒渍葡萄干，将面团由上往下折起，包覆住酒渍葡萄干。

**03**

将面团转 180°，再由上往下折起，用手指封住开口。

**04**

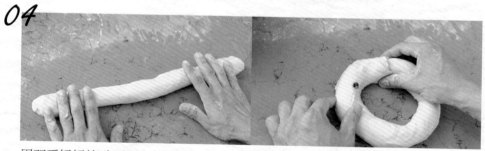

用双手轻轻滚动面团，将面团延长至约 35 厘米，并将头尾接合。

**05**

将咕咕洛夫模涂上黄油，防止沾模。

**06**

把杏仁片撒入咕咕洛夫模中，并旋转模子，让杏仁片均匀分布，而后将多余的倒出。

**07**

将面团放入咕咕洛夫模中，发酵至吐司模约三分之二的高度后，放至烤盘上准备入炉。

**08**

烤箱预热至 160℃；将面团放入烤箱，烘烤 25 分钟即可出炉。

**09**

出炉后趁热脱模，涂上适量的兰姆酒，再撒上糖粉即可完成。

P.118

# 普罗旺斯国王派

Brioche des Rois

# 普罗旺斯国王派

国王派（galette des rois）的故事向来为人所津津乐道。在西方国家，国王派是基督教重要节日主显节（每年1月6日）必吃的点心。在法国，从圣诞节一直到新年期间，家人好友们会团聚一同分享国王派，祈求新的一年招来更多好运！这款普罗旺斯国王派，面团使用蜜橙花水的调味，再装饰上鲜艳的糖渍水果，亮泽缤纷的外形、香甜的滋味，很受小朋友喜爱。不仅如此，依照法国传统，国王派里面会包入一个陶瓷小偶（法文 fève，为豆子之意，过去的国王派里包的是蚕豆，象征来年丰收），吃到这个小人偶的人，便是当天的"国王"，受到众人的祝福，也预告着一年的好运气，趣味性十足，也让家族的聚会充满欢笑。

## 材料（2份）

| 材料 | 用量 | 材料 | 用量 |
|---|---|---|---|
| 法国 T55 面粉 | 210 克 | 无盐发酵黄油（常温） | 115 克 |
| 法国 T45 面粉 | 210 克 | 橙花水 | 10 毫升 |
| 细砂糖 | 70 克 | 综合水果丁 | 160 克 |
| 盐 | 8 克 | 果胶 | 少许 |
| 水 | 90 毫升 | 珍珠糖 | 适量 |
| 全蛋 | 150 克 | 无花果干 | 适量 |
| 新鲜酵母 | 12 克 | 蜜渍橙片 | 适量 |
| 奶粉 | 15 克 | | |

## 做法

### 01

将水和新鲜酵母混合搅拌溶解。

### 02

在操作台上倒入所有面粉、细砂糖、盐、奶粉及橙花水；酵母水分两次慢慢倒入面团里吸收。

03

加入全蛋，搓揉 3 到 5 分钟至表皮光滑；将面团滚圆后放入钢盆，封上保鲜膜，静置 20 分钟。

04

取出面团，分三次加入常温黄油，搓揉面团至黄油吸收（避免一次加入导致面团无法形成筋性）。

05

将面团滚圆翻面后，放入钢盆封上保鲜膜，进冷藏室 6 小时后即可使用。

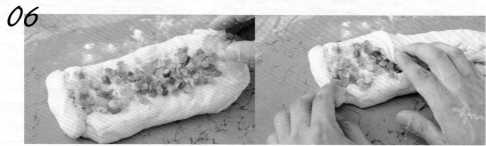

06

将面团分割成每份 400 克；面团擀成长方形后，放上 80 克的综合水果丁，由上往下折起，包覆住综合水果丁。

07

将面团转 180°，再由上往下折起，用手指封住开口。

**08**

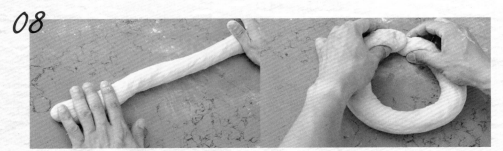

以双手轻轻滚动面团，将面团延长至约 40 厘米，并将头尾接合；将面团发酵至约两倍大后，放至烤盘上准备入炉。

**09**

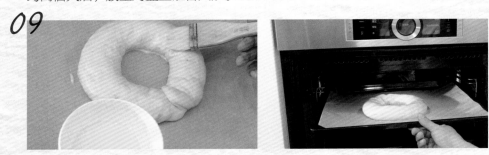

将发酵好的面团刷上全蛋液；烤箱预热至 160℃，放入烤箱烘烤 25 分钟即可出炉。

**10**

出炉后在面包表面涂满果胶，周围一圈沾上适量的珍珠糖。

**11**

面包上方以无花果干及蜜渍橙片做装饰后，再补上些许果胶即可完成。

P.122

瑞士布里欧

Brioche Suisse

# 瑞士布里欧

瑞士布里欧（brioche Suisse）是一款长方形的夹心甜面包。它夹着一层厚厚的卡士达酱与巧克力，一口咬下，满是浓郁的香气、醇厚而湿润的口感，瘦身者虽感罪恶却也愿意多吃几口。比起其他面包，它的工序较为繁复，对于初学者来说不太容易上手，不过为了美食，还是很值得多练习几次！

**材料**

| 布里欧面团 | 400 克（1 份） | 卡士达酱 | |
|---|---|---|---|
| 水滴巧克力 | 100 克 | 牛奶 | 400 毫升 |
| 蛋液 | 适量 | 细砂糖 | 70 克 |
| 杏仁片 | 适量 | 玉米粉 | 50 克 |
| 糖水 | 少许 | 全蛋 | 1 个 |
| | | 无盐发酵黄油 | 20 克 |

**做 法**

## 01

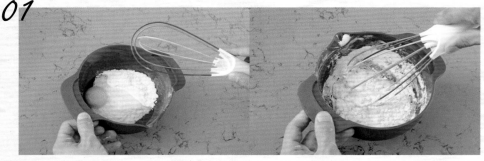

先制作卡士达酱。将玉米粉和全蛋搅拌均匀后备用。

## 02

牛奶和细砂糖煮开后熄火，离火后将做法 1 缓缓倒入，并同时充分搅拌。

*03*

再以中火煮至冒泡，须不停地搅拌；冒泡后熄火并加入黄油搅拌均匀，即成。

*04*

将卡士达酱倒入容器中，用保鲜膜紧贴包覆，放置冰箱冷却后备用。

*05*

取〈布里欧面团〉400克，擀成长方形（宽25厘米，长40厘米，厚度约0.5厘米）；在面团中三分之一处涂上卡士达酱，并撒上水滴巧克力。

*06*

在上下三分之一处涂上全蛋液，以利面团黏合。

## 07

将面团由上往下折起，再由下往上折起并密合。

## 08

用刀子以 5 厘米的间隔切割面团，并放置在烤盘上，以 25℃发酵至两倍大。

## 09

发酵后，面团表面涂上全蛋液，并在封口处撒上少许杏仁片。

## 10

烤箱预热至 160℃；将面团放入烤箱，烘烤 14 分钟即可出炉。

## 11

出炉后，在面包表面涂满糖水。

◆ ——————— • TIPS • ——————— ◆

1. 糖水的比例为细砂糖：水 = 1 : 1，以小火煮开即可。
2. 喜欢巧克力口味的朋友，也可以在卡士达酱中加入巧克力粉，将这款面包完全制作成巧克力口味！

P.126

# 蜗牛卷

Brioche Escargot

# 蜗牛卷

小时候的印象中，面包店里常会卖一种海螺形状，内馅夹入许多奶油的面包，有的人称它是"蜗牛面包"，但这款"蜗牛卷"则完全不是记忆中的那个模样。传统法式的蜗牛卷，一圈圈回旋盘绕，表面有白色的微脆翻糖。蜗牛卷是法国相当家常的甜点之一，与瑞士布里欧不同的地方，仅在于馅料，将水滴巧克力代换成葡萄干及水果丁。面包酸酸甜甜富嚼感，一口咬下，细密的卡士达馅与脆皮的布里欧面团在嘴里交融出美妙滋味。

**材料**

| 布里欧面团 | 400 克（1 份） | 卡士达酱 | |
|---|---|---|---|
| 葡萄干 | 80 克 | 牛奶 | 400 毫升 |
| 综合水果丁 | 30 克 | 细砂糖 | 70 克 |
| 全蛋液 | 适量 | 玉米粉 | 50 克 |
| 糖水 | 适量 | 全蛋 | 1 个 |
| | | 无盐发酵黄油 | 20 克 |

## 做法

**01**

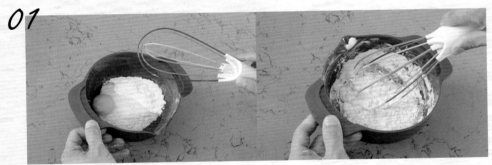

将玉米粉和全蛋搅拌均匀后备用。

**02**

牛奶和细砂糖煮开后熄火，离火后将做法 1 缓缓倒入，并同时充分搅拌。

**03**

再以中火煮至冒泡，须不停地搅拌；冒泡后熄火并加入黄油搅拌均匀。

**04**

将卡士达酱倒入容器中，用保鲜膜紧贴包覆，放置冰箱冷却后备用。

**05**

取〈布里欧面团〉400 克，擀成长方形（宽 25 厘米，长 40 厘米，厚度约 0.5 厘米）。

**06**

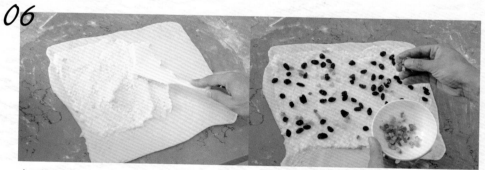

在面团上涂卡士达酱，下方预留约 2 厘米宽不涂，在酱上撒葡萄干和综合水果丁。

**07**

在预留没涂卡士达酱的部分涂上全蛋液，以利面团黏合；将面团由上往下慢慢地卷起。

**08**

再用刀子以 2 厘米的间隔切割面团，并以切面朝上放置在烤盘上，发酵至两倍大；发酵后，在面团表面涂上全蛋液。

**09**

烤箱预热至 160℃；将面团放入烤箱，烘烤 14 分钟即可出炉。

**10**

出炉后，在面包表面涂满糖水即可。

◆ ────── • TIPS • ────── ◆

糖水的比例为细砂糖：水 = 1：1，以小火煮开即可。

P.130

奶油派

Tarte au Sucre

# 奶油派

这款以布里欧面团为基础的奶油派，与一般派皮少，而着重在馅料的派不太一样。奶油派的馅料相当简单，仅是纯正的法国无盐黄油与细砂糖，且只在面团中戳几个小洞放入，并不铺满整个夹层。奶油与布里欧面包均匀地分布在口中，不会显得油腻，香浓得恰到好处。

**材　料**

细砂糖
36 克

杏仁片
适量

无盐发酵黄油
30 克

布里欧面团
330 克（3 份）

## 做　法

**01**

将〈布里欧面团〉分割成每个 110 克，滚圆后静置 15 分钟。

**02**

以擀面棍擀平面团，成直径约 12 厘米的圆形，放在烤盘上，发酵至两倍大。

**03**

在面团表面刷上全蛋液，并以手指戳出六个洞。

**04**

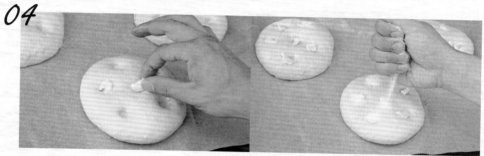

取 10 克黄油分开后塞入各洞内，并在洞内注入细砂糖共 12 克。

**05**

面团表面洒上适量的杏仁片。

**06**

烤箱预热至 160℃；将面团放入烤箱，烘烤 14 分钟即可出炉。

# 奶酥菠萝布里欧

Brioche Crumble

# 奶酥菠萝布里欧

菠萝面包酥脆香甜的菱格表皮，让许多面包爱好者上瘾成痴，每家面包店都卖菠萝面包，也都卖得还不错。艾力克说，这款面包是在布里欧面团表面洒上酥菠萝再进行烘烤，淡淡的杏仁香味与酥松的口感连他自己也非常喜欢。而这个酥菠萝的用途很广泛，无论是起司蛋糕或者苹果派等，都可以拿来运用，能增加点心的层次。

**材 料**

| 布里欧面团 | 240 克（3 份） | 酥菠萝 | |
|---|---|---|---|
| 奶酥 | 90 克 | 低筋面粉 | 20 克 |
| 全蛋液 | 适量 | 杏仁粉 | 20 克 |
| | | 细砂糖 | 20 克 |
| | | 无盐发酵黄油 | 20 克 |

## 做 法

1. 将酥菠萝的材料放入钢盆内，用手抓匀，搓出颗粒状，即成酥菠萝。
2. 〈布里欧面团〉分割成每个 80 克的面团，滚圆后静置 15 分钟。
3. 在每个面团内包入 30 克的奶酥，发酵至两倍大；在面团表面刷上全蛋液。
4. 用剪刀在面团中间剪十字，再撒上些许酥菠萝。
5. 烤箱预热至 160℃；将面团放入烤箱，烘烤 16 分钟即可出炉。

◆ ─── • TIPS • ─── ◆

奶酥制作：将 40 克糖粉和 60 克无盐发酵黄油打发，加入 30 克全蛋搅拌均匀，最后再加入 10 克玉米粉及 60 克奶粉拌匀。

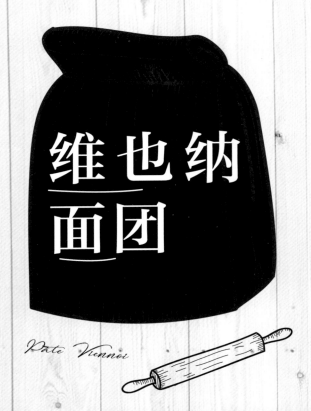

# 维也纳面团

*Pâté Viennoi*

或许你不知道什么是维也纳面包（Viennoiseries），但你一定听过"软法"这个别称，它是加入糖、黄油的柔软法式面包。它的表皮薄脆、呈现淡淡金黄，面包芯柔软、孔洞较小，拨开面包，呈现一丝一丝的状态，看起来很疗愈。正宗的维也纳面团的材料富含蛋、奶油，口感湿润细腻，让人有种介于蛋糕、面包之间的错觉。此外，因为加有少许奶粉而含有乳糖，能帮助面包烘烤上色，呈现漂亮的金黄外皮。

**材料**

法国T55面粉
300克

无盐发酵黄油（常温）
100克

全蛋
1个

奶粉
20克

新鲜酵母
20克

法国T45面粉
150克

盐
10克

水
180毫升

细砂糖
60克

P.142

巧克力核桃维也纳

Viennois Chocolat Noix

# 巧克力核桃维也纳

巧克力核桃维也纳不同于奶油维也纳以夹心的方式呈现，而是将巧克力与核桃和在面团中，烤好的面包散发浓郁的可可香，一口咬下，和核桃的脆、面包的软弹，交织成层次丰富的口感。因为没有夹内馅的缘故，这款面包冷冻保存后，想吃的时候，也能像一般的法国面包一样，以回烤的方式来恢复它的风味。

 **材 料**

| 维也纳面团 | 540 克（6 份） | 核桃 | 20 克 |
| 水滴巧克力 | 60 克 | 全蛋液 | 适量 |

## 做 法

**01**

将〈维也纳面团〉摊开，放入巧克力和核桃，搓揉至与面团混合均匀。

**02**

将面团分割成每份 100 克；滚圆后放置室温下 15 分钟，须覆上保鲜膜防止干燥。

**03**

将面团由前向后折入三分之一，再继续由前向后折入，并压住边。

**04**

用双手将面团搓揉成长条状，约 15 厘米长；放入烤箱以 25℃发酵至两倍大。

**05**

面团放至烤盘，刷上全蛋液后，以小型锯齿刀在面团两边各割出 4 道斜线。

**06**

烤箱预热至 180℃；将面团放入烤箱，烘烤 15 分钟即可出炉。

◆ ─── • 艾力克教你回烤面包 • ─── ◆

法国面包的最佳风味在出炉的三个小时以内，但要在短时间内吃光，简直是不可能，让许多面包饕客伤透脑筋。艾力克提供让面包重返刚出炉美味的回烤方式如下：

1. 在面包上均匀地喷水。
2. 如家里有烤箱，将喷水后的面包送进烤箱烘烤约 2 分钟即可食用；没有烤箱的话，可以用微波炉加热 30 秒，或放入电锅蒸。

# 艾力克专属经典：
# 艾力克颂 Éricroissant

Chapter 4

# 可颂面团

*Pâte à Croissant*

可颂（croissant），在法文里是新月的意思，来自于可颂面包弯弯的形状。关于可颂的起源众说纷纭，一说在 17 世纪末的维也纳战役中，奥斯曼军队想要在夜间偷袭，维也纳的面包师傅第一个发现并拉响了警报，让这场战役获得关键性的成功，面包师们便制作了这款形似号角，也像奥斯曼弯月标志的面包，来纪念胜利。然而，可颂真正在法国大为流行，其实已经是 18 世纪的事情了。法国人经常把可颂当作早餐，搭配上茶类、咖啡，简单方便又美味。好的可颂，关键在于黄油与面粉的使用，艾力克的面包店里，所有的可颂都是使用法国进口蓝斯可纯动物性黄油与法国安东磨坊面粉，他说，有些人告诉他刚吃的时候，吃不太出和其他可颂的差异，但细嚼之后，会发现是相当"舒服"的，没有残存的油腻感，也觉得比较安心。

材 料

无盐发酵黄油（常温）
10 克

无盐发酵黄油（常温）
115 克

法国 T55 面粉
150 克

盐
5 克

法国 T45 面粉
100 克

细砂糖
33 克

新鲜酵母
20 克

水
125 毫升

**01**

将水和新鲜酵母混合搅拌溶解。

**02**

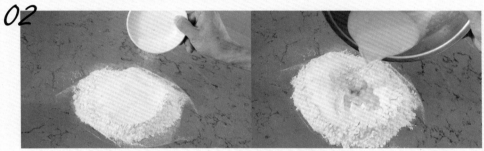

在操作区倒上所有面粉、细砂糖、盐及黄油 10 克；酵母水分两次慢慢倒入面团里吸收。

**03**

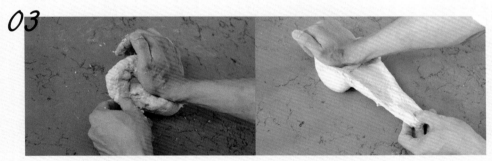

搓揉 3 到 5 分钟后。

**04-05**

· 将面团滚圆后放入钢盆，封上保鲜膜，静置 20 分钟。

· 待发酵、水解完成后，面团会膨胀至 1.5 倍大。此时将面团擀平排气，再放入冷藏室 1 小时。

**06**

将黄油 115 克放入折成长方形（宽 12 厘米、长 14 厘米）的烘焙纸（大小可先在烘焙纸上描绘好），用擀面棍轻压擀平，并放入冷藏室 30 分钟。

**07**

将冷藏的面团取出，擀开至比黄油片大一倍的长度。

**08**

将黄油放在中间，将面团两边折入包住，并将前后封口密合收紧。

**09**

以擀面棍将面团擀平延长至 4 倍长后，由上往下折至四分之三处，再由下往上折至接口，最后再对折，此做法称为"四折"。接着将面团放入冷藏室 1 小时。

**10**

再次取出面团，将面团转 90° 方向，重复一次做法 8 的"四折"动作，再次放入冷藏室 1 小时之后即可使用。

◆━━━━━━━━━━ • TIPS • ━━━━━━━━━━◆

1. 黄油片包入面团时的软硬度应与面团一致，若黄油片太硬应提前取出退冰。
2. 制作可颂时，尽量保持环境的低温，面团也必须保持较低温。

P.150

# 原味可颂

Croissant

# 原味可颂

法国人对可颂的依赖与喜爱那是没有话说，旅法 16 年的艾力克，在生活中好像也不能没有可颂了。从艾力克法国经典烘焙坊 Eric Bakery 开始，他尝试着用不同种面包与消费者沟通、交流，店里除了金棍之外，可颂也是热门长销，深受消费者喜爱。且可颂变化多端，可以夹心做三明治，可以做成各种或甜或咸的口味，或者将可颂面团与马芬面团结合，变形出"可芬"，小巧可爱，装饰起来相当讨人喜爱。因为可颂实在太迷人了，自然就产生了"何不开一家专心卖可颂的店呢？"的想法，艾力克颂 Éricroissant 于是诞生，让每个人都能品尝百分之百的法式美味。

**材　料**

| 可颂面团 | 550 克 |
|---|---|
| 全蛋液 | 适量 |

## 做　法

**01**

将可颂面团从冷藏室取出，以擀面棍擀成正方形（边长 30 厘米、厚度 0.5 厘米）。

**02**

在面团中间割一半，再切成数个底为 7 厘米的等腰三角形。

## 03

将三角形的面团略为擀长，再以双手由下往上卷起，形成可颂的模样。

## 04

整形好的面团封口朝下放入烤箱，以25℃发酵至1.5倍大后取出。

## 05

将发酵好的面团刷上全蛋液后准备入炉。

## 06

烤箱预热至160℃；将面团放入烤箱，烘烤14分钟即可出炉。

P.153

# 巧克力可颂

Pain au Chocolat

# 巧克力可颂

巧克力可颂，向来是小孩子的最爱，一口咬下层层蓬松的面包，口中不仅充满淡淡麦香、奶油香，巧克力的浓郁味道也一起化开，甜美滋味让人上瘾。巧克力可颂，大概是所有卖可颂的店家必准备的一种口味，经典而让人爱不释手。

---

**材料**

| | | |
|---|---|---|
| 可颂面团 | 550 克 |
| 巧克力棒 | 12 根 |
| 全蛋液 | 适量 |

---

### 做　法

**01**

可颂面团从冷藏室取出，以擀面棍擀成正方形（边长 30 厘米、厚度 0.5 厘米），在面团中间割开分半。

**02**

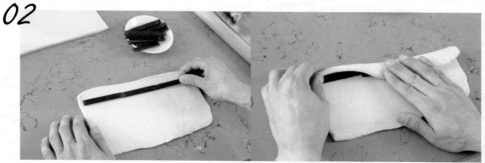

在面团长边上放上 3 根巧克力棒，将上方面团折下盖住巧克力。

**03**

再放上 3 根巧克力棒，将面团卷到底。

**04**

将面团用刀切成 4 份，封口朝下放入烤箱，以 25℃发酵至 1.5 倍大后取出。

**05**

将发酵好的面团刷上全蛋液，准备入炉。

**06**

烤箱预热至 160℃；将面团放入烤箱，烘烤 14 分钟即可出炉。

P.156

第戎火腿可颂

Croissant Dijon

# 第戎火腿可颂

这道第戎火腿可颂，外观看起来跟原味可颂一样，但咬下去饱满的馅料绝对让人惊喜。第戎芥末酱之于法国就好比摩典娜巴萨米克醋之于意大利，是日常常备的调味料。第戎芥末酱是由芥菜等蔬菜的种子研磨，加入酒、醋、水以及香料调和而成的。传说在18世纪中期，第戎区有个人突发奇想，以未成熟的酸葡萄汁取代醋，调和成了令人惊艳的美味芥末酱，于是第戎便成了法式芥末酱的代名词。法式芥末酱有特殊的香气与浓郁口感，但因为材料新鲜，开封后需冷藏并尽快食用完毕。

 **材料**

| 可颂面团 | 550 克 | 乳酪丝 | 适量 |
|---|---|---|---|
| 第戎芥末酱 | 适量 | 全蛋液 | 适量 |
| 火腿片 | 数片 | 白芝麻 | 适量 |

**做 法**

**01**

将可颂面团从冷藏室取出，用擀面棍擀成正方形（边长30厘米、厚度0.5厘米）。

**02**

在面团中间割一半，再切成数个底为7厘米的等腰三角形。

156

**03**

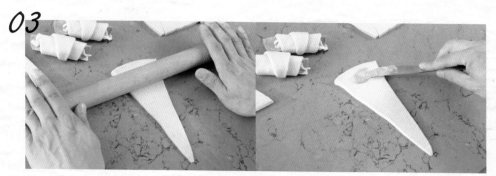

将三角形的面团略为擀长，底边上抹些许第戎芥末酱。

**04**

放上火腿片和乳酪丝；再以双手卷起，形成可颂的模样；整形好的面团封口朝下放入烤箱，以 25℃发酵至 1.5 倍大后取出。

**05**

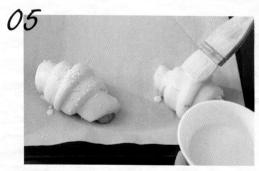

将发酵好的面团刷上全蛋液，并撒上白芝麻后准备入炉。

**06**

烤箱预热至 160℃；将面团放入烤箱，烘烤 16 分钟即可出炉。

P.159

# 榛果可颂

### Croissant au Nutella

# 榛果可颂

去年底，艾力克受邀至台中裕元花园酒店一楼玫瑰烘焙坊设立"法国柜子"出售系列可颂面包，希望来客不用专程飞至法国，就能品尝到道地、正宗的法式滋味。多种口味包括蓝斯可、小松鼠、伯爵、坚果、千层等，刮起一阵排队小旋风。榛果可颂法文是"Croissant au Nutella"，大家应该对"Nutella"不陌生，这款巧克力酱源于意大利前几大巧克力制造商费列罗集团，早在推出后没多久就风行于欧洲等地，19世纪末在美国也开始红火起来，前几年，附有饼干棒的Nutella点心引进台湾超市后更一跃成为货架上的宠儿，在网络上引起许多讨论。事实上，在法国巴黎常会见到抹上它的可丽饼，它俨然是面包甜点界的国民配角。这款可颂使用榛果酱做馅料，撒上些许珍珠糖，不仅外表讨人喜爱，撇除热量不谈，绝对是令人想要天天吃一个的幸福神品。

| 材　料 | | | 巧克力可颂面皮 | |
|---|---|---|---|---|
| 可颂面团 | 550 克 | | 法国 T55 面粉 | 65 克 |
| 榛果酱 | 适量 | | 可可粉 | 15 克 |
| 珍珠糖 | 适量 | | 细砂糖 | 15 克 |
| 全蛋液 | 适量 | | 盐 | 1 小撮 |
| | | | 无盐发酵黄油（常温） | 40 克 |
| | | | 水 | 40 毫升 |
| | | | 新鲜酵母 | 9 克 |

## 做　法

**01**

将水和新鲜酵母混合搅拌溶解。

**02**

在钢盆内加入面粉、可可粉、细砂糖、盐搅拌均匀；再慢慢加入黄油和酵母水。

**03**

用掌心搓揉面团 2 分钟至表皮光滑；将面团滚圆后放入钢盆，封上保鲜膜，常温下静置 15 分钟。

**04**

将原味可颂面团从冷藏室取出，以擀面棍擀成正方形（边长 30 厘米、厚度 0.5 厘米）；将上一步做好的巧克力可颂面团擀成正方形面皮，并覆盖在前面的白色可颂面皮上，再放入冷藏室 30 分钟。

**05**

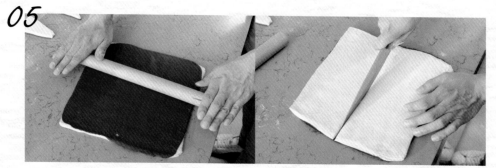

取出面团后，将面团擀成更大的正方形，在面团中间割开，再切成数个底为 7 厘米的等腰三角形。

**06**

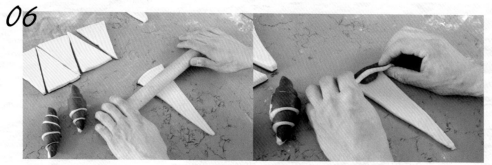

将三角形的面团略为擀长，在底边位置涂上适量的榛果酱，再以双手从底边卷起，形成可颂的模样；整形好的面团封口朝下放入烤箱，以25℃发酵至 1.5 倍大后取出。

**07**

将发酵好的面团刷上全蛋液，并撒上珍珠糖后准备入炉。

**08**

烤箱预热至 160℃；将面团放入烤箱，烘烤 17 分钟即可出炉。

P.163

# 布朗尼可颂

Croissant aux Brownies

# 布朗尼可颂

你一定吃过布朗尼、吃过可颂，但"布朗尼可颂"呢？这个组合好像有道理却又从没尝试过吧！层层的酥皮包裹扎实浓郁的巧克力布朗尼，不仅在口感上胜出，甜而不腻的香醇巧克力更是令人不舍放下。若你的野心很大，连面包中包裹的布朗尼也想要亲手制作，过程虽然稍嫌繁复了一些，但更能确保每样食材都在自己的掌握之中，吃起来更安心，完成了也更有成就感（至少对艾力克来说，手作绝对是必要的）。

## 材 料

| | |
|---|---|
| 可颂面团 | 550 克 |
| 布朗尼蛋糕 | 200 克（切成条状） |
| 杏仁角 | 适量 |
| 全蛋液 | 适量 |

### 巧克力可颂面皮

| | |
|---|---|
| 法国 T55 面粉 | 65 克 |
| 可可粉 | 15 克 |
| 细砂糖 | 15 克 |
| 盐 | 1 小撮 |
| 无盐发酵黄油（常温） | 40 克 |
| 水 | 40 毫升 |
| 新鲜酵母 | 9 克 |

## 做 法

**01**

将水和新鲜酵母混合搅拌溶解。

**02**

在钢盆内加入面粉、可可粉、细砂糖、盐搅拌均匀；再慢慢加入黄油和酵母水。

**03**

用掌心搓揉面团 2 分钟至表皮光滑；将面团滚圆后放入钢盆，封上保鲜膜，常温下静置 15 分钟。

**04**

将原味可颂面团从冷藏室取出，以擀面棍擀成正方形（边长 30 厘米、厚度 0.5 厘米）；将上一步做好的巧克力可颂面皮擀成正方形，并覆盖在可颂面团上，再放入冷藏室 30 分钟。

**05**

取出面团后，将面团擀成更大的正方形，在巧克力可颂面皮那面轻轻割出斜线（割到隐约看见白色那面即可，勿割到底）。

**06**

将面团翻面后，在面团中间割开。

## 07

在面团长边上放上 3 条布朗尼蛋糕，由上往下卷起。

## 08

将面团用刀子切成 3 份，封口朝下放入烤箱，以 25℃ 发酵至 1.5 倍大后取出。

## 09

将发酵好的面团刷上全蛋液，并撒上杏仁角准备入炉。

## 10

烤箱预热至 160℃；将面团放入烤箱，烘烤 17 分钟即可出炉。

P.167

# 伯爵可颂

Croissant au thé
Earl Grey

# 伯爵可颂

伯爵茶在欧洲算是很普遍的茶款，它是在红茶里添加一些柑橘类香料（如佛手柑），让红茶的味道变得特殊和多重。伯爵茶的清香，让可颂多了清爽气息，而酥菠萝又在平实的口感中表现出趣味，让这款可颂爽口却不失甜点该有的多变，很推荐大家试试。此外，国内盛产许多上等的茶叶，现在市面上也常看到有铁观音、乌龙茶调味的甜点，说不定用来代换伯爵茶粉会有不同的惊喜，也让这道可颂多了几分中华味。

| 材　料 | | |
|---|---|---|
| 可颂面团 | 550 克 | |
| 全蛋液 | 适量 | |
| 酥菠萝 | 适量 | |
| （做法见 133 页） | | |
| | | |
| **伯爵可颂面皮** | | |
| 法国 T55 面粉 | 55 克 | |

| | |
|---|---|
| 伯爵茶粉 | 2 克 |
| 细砂糖 | 8 克 |
| 盐 | 1 小撮 |
| 无盐发酵黄油（常温） | 10 克 |
| 温开水（60℃） | 20 毫升 |
| 新鲜酵母 | 6 克 |

## 做　法

### 01

伯爵茶粉用温开水浸泡 1 小时，再加入新鲜酵母溶解混合。

### 02

在钢盆内加入面粉、细砂糖、盐搅拌均匀，再慢慢加入黄油和伯爵酵母水。

**03**

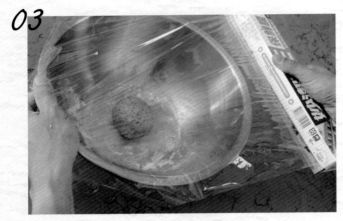

用掌心搓揉面团 2 分钟至
表皮光滑；将面团滚圆后
放入钢盆，封上保鲜膜，
常温静置 15 分钟。

**04**

将原味可颂面团从冷藏室
取出，以擀面棍擀成正方
形（边长 30 厘米、厚度
0.5 厘米）。将伯爵可颂
面皮擀成正方形。

**05**

将伯爵可颂面皮覆盖在原味可颂面团上，再放入冷藏室 30 分钟。取出后擀成更
大的正方形。

## 06

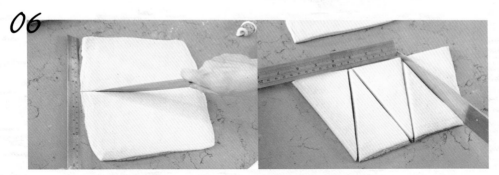

在面团中间割开分半，再切成数个底为 7 厘米的等腰三角形。

## 07

将三角形的面团略为擀长，再以双手由底边卷起，形成可颂的模样；整形好的面团封口朝下放入烤箱，以 25℃发酵至 1.5 倍大后取出。

## 08

将发酵好的面团刷上全蛋液，并撒上酥菠萝后准备入炉。

## 09

烤箱预热至 160℃；将面团放入烤箱，烘烤 17 分钟即可出炉。

P.171

芝麻黑糖麻薯可颂

"Croissant Sésame"

# 芝麻黑糖麻薯可颂

这道可颂可以说是艾力克精心为家乡人的胃设计而成的。黑糖麻薯是相当有台湾特色的点心，无论是麻薯小摊贩做成单吃品还是中式大饼店用作甜饼馅料（或者也可以在日本的伴手礼店里看到），向来是令人无法抵挡的诱惑组合。可颂面皮和入香气四溢、营养满点的芝麻粉，再包入软Q带劲的黑糖麻薯，一口咬下生成的多重惊喜，令人无法忘怀。

## 材料

| | | 芝麻可颂面皮 | |
|---|---|---|---|
| 可颂面团 | 550 克 | 法国 T55 面粉 | 58 克 |
| 全蛋液 | 适量 | 盐 | 1 小撮 |
| 白芝麻 | 适量 | 无盐发酵黄油（常温） | 10 克 |
| | | 水 | 27 毫升 |
| | | 新鲜酵母 | 4 克 |
| | | 烤过的黑芝麻粒 | 8 克 |
| | | 烤过且磨好的黑芝麻粉 | 8 克 |

## 做法

**01**

将水和新鲜酵母混合搅拌溶解。

**02**

在钢盆内加入面粉、盐、黑芝麻粒和黑芝麻粉搅拌均匀；再慢慢加入黄油和酵母水。

**03**

用掌心搓揉面团 2 分钟至表皮光滑；将面团滚圆后放入钢盆，封上保鲜膜，常温静置 15 分钟。

**04**

将原味可颂面团从冷藏室取出，以擀面棍擀成正方形（边长 30 厘米、厚度 0.5 厘米）；将上一步做好的芝麻可颂面皮擀成正方形，并覆盖在可颂面团上，再放入冷藏室 30 分钟。

**05**

取出面团后，将面团擀成正方形，在面团中间割开分半，再切成数个底为 7 厘米的等腰三角形。

**06**

将三角形的面团略为擀长，底边上放上 2 个黑糖麻薯，再以双手卷起，形成可颂的模样；整形好的面团封口朝下放入烤箱，以 25℃发酵至 1.5 倍大后取出。

**07**

将发酵好的面团刷上全蛋液，并撒上白芝麻后准备入炉。

**08**

烤箱预热至 160℃；将面团放入烤箱，烘烤 17 分钟即可出炉。

欧包梦幻吃法：
百变三明治

Chapter 5

P.177

# 巴黎三明治

Baguette Jambon Fromage

# 巴黎三明治

传统金棍面包（baguette）夹入最基本的三样材料：黄油 beurre、起司 fromage、火腿
jambon，就成了巴黎街上最寻常的平民美食，是艾力克在法国时最常吃的一款三明治。
它因为具有城市代表性，也被称为 le Parisien（巴黎人）或 jambon-beurre（火腿奶油）。
淡淡的蛋白质咸香与面包麦香相映成趣，不互抢风头。简单好做值得试试。

## 材　料

传统法国长棍
2 条

艾曼塔起司
4 片

法国火腿
1 片

无盐发酵黄油
适量

## 做　法

### 01

将面包从侧边横剖切开（不切断），并
在内侧涂满黄油。

**02**

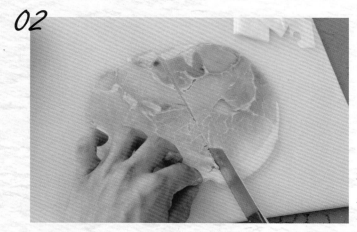

将艾曼塔起司切成数
片，并将法国火腿切
半。

**03**

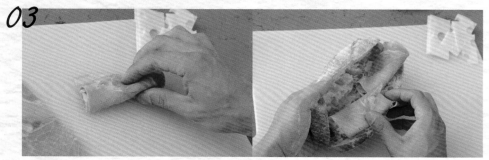

将法国火腿略微卷起，夹入面包中。

**04**

最后再放入艾曼塔起司
即完成。

P.180

鲔鱼鲜蔬三明治

Sandwich Crudité au Thon

# 鲔鱼鲜蔬三明治

红莴苣、黄甜椒、紫洋葱，色彩最缤纷的三明治非鲔鱼鲜蔬三明治莫属。大量的蔬菜搭配上罐头鲔鱼，清爽中带着海味。多种食材的堆叠，加上杂粮面包本身的丰富嚼感，说是最有层次的三明治也不为过，且因为食材多元，营养成分高，很适合当作早餐，为一天开启无限活力。

## 材料

| | | 法式芥末酱 | | | |
|---|---|---|---|---|---|
| 传统杂粮长棍 | 2 条 | | | | |
| 罐头鲔鱼 | 适量 | 蛋黄 | 1 个 | 葡萄籽油 | 150 毫升 |
| 红莴苣 | 数片 | 意大利香料 | 少许 | 黑胡椒 | 适量 |
| 紫洋葱 | 1/2 颗 | 第戎芥末酱 | 2 小匙 | 盐 | 适量 |
| 番茄 | 数片 | 芥末籽 | 1 小匙 | 蒜粉 | 适量 |
| 黄甜椒 | 数片 | 橄榄油 | 1 大匙 | | |

## 做法

**01**

将蛋黄、意大利香料、第戎芥末酱、芥末籽和橄榄油搅拌均匀。

**02**

分 5 次加入葡萄籽油拌匀，最后加入适量黑胡椒、盐和蒜粉调味，完成法式芥末酱。

将鲔鱼和法式芥末酱混合拌匀备用（湿润度可以随喜好调整）。

面包从侧边横剖切开（不切断），夹入红莴苣。

在红莴苣上抹适量的鲔鱼法式芥末馅。

最后依序夹入番茄片、黄甜椒和洋葱即可完成。

R.183

鲑鱼起司三明治

Sandwich Saumon Céréale

# 鲑鱼起司三明治

马苏里拉起司相较于一般起司，含水量高，可以生食或者烘烤后食用。而它与番茄的搭配最为经典可口，为人所熟知的玛格丽特披萨就是专门使用这两种材料组合而来。这款三明治则另外加上了爽脆的绿莴苣，与味道较重的烟熏鲑鱼片，浓郁软嫩与清脆爽口同时迸发于味蕾中，让人忍不住想再切一个面包，夹入满满的美味。

**材料**

熏鲑鱼片
数片

橄榄油
适量

传统杂粮长棍
2条

马苏里拉起司
适量

绿莴苣
数片

圣女番茄
数颗

**做法**

**01**

面包从侧边横剖切开（不切断），以刷子沾橄榄油，涂抹在面包内侧。

**02**

将绿莴苣夹入面包内。

**03**

再放入切片的马苏里拉起司。

**04**

接着夹入熏鲑鱼片。

**05**

最后夹入切半的圣女番茄即可完成。

P.186

# 法式热狗三明治

## Hot Dog Français

# 法式热狗三明治

如果你想要来一份热热的早餐，又愿意多花点时间耐心等候，法式热狗三明治绝不会让你失望。一样是最简单的"香肠、乳酪"的组合，搭配上带有甜味的维也纳面包，刚出炉时烫口牵丝，咬下后咸甜咸甜的滋味与淡淡香料味在舌尖同时绽开，令人想要一尝再尝。

材 料

意大利香料
适量

原味维也纳
2 条

法式芥末酱　适量
（做法见 180 页）

乳酪丝
适量

法兰克福香肠
2 条

做 法

01

面包从中间切开（不切断）。

*02*

取法式芥末酱涂抹在内侧。

*03*

夹入法兰克福香肠。

*04*

上方撒上适量的乳酪丝和意大利香
料。

*05*

最后放入烤箱烤至乳酪丝熔化即可
完成。

P.189

# 甜蜜艾波

Brioche Pomme
Camembert

# 甜蜜艾波

卡门贝尔（Camembert）起司又称作"金银币"，因为外白内黄，内里柔软，圆形的外表有白霉的纹路，而得金银币之名。卡门贝尔这名字则是以法国村庄卡门贝尔来命名的。卡门贝尔拿来涂面包是很普遍的吃法，但有的人不习惯浓郁的奶味，加入苹果片并淋上一点蜂蜜，把起司的重口味与果香中和，光想象就叫人口水直流。

**材　料**

无盐发酵黄油
适量

苹果
1 颗

蜂蜜
适量

卡门贝尔起司
适量

原味布里欧
2 条

 做 法

**01**

面包从侧边横剖切开（不切断），
取无盐发酵黄油涂抹在内侧。

**02**

夹入4片半月形的苹果片。

**03**

再加入切片的卡门贝尔起司。

**04**

最后再淋上适量的蜂蜜即可完成。

P.192

# 帕马森可颂三明治

Sandwich au Jambon Cru

# 帕马森可颂三明治

芝麻叶清爽中带着微呛的浓厚味道，是许多欧式沙拉、肉品的搭配好伙伴。除了这样特别的蔬菜，这道三明治还夹入了洋葱，增添了一点辣味刺激，而帕玛森生火腿的微咸带点鲜甜的滋味，和艾曼塔起司交融，一起被包裹在可颂的层层酥皮里，脆中带有嚼劲，构成很够味的一款三明治。

材　料

原味可颂
2个

洋葱
数片

艾曼塔起司
数片

芝麻叶
适量

帕玛森生火腿片
2片

做　法

**01**

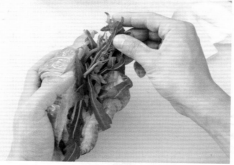

面包从侧边横剖切开（不切断）；
内侧铺满芝麻叶当底。

**02**

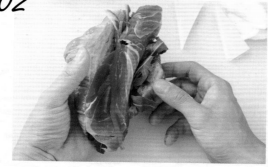

再夹入帕玛森生火腿片。

**03**

接着放入切成三角形的艾曼塔起
司。

**04**

最后夹入洋葱即可完成。

P.195

# 水果可颂三明治

*Croissant au Fruit Frais*

# 水果可颂三明治

新鲜的水果和可颂向来就是面包店里的常胜军，不仅卖相出色，酸甜像恋爱一般的滋味更是让大小朋友都很爱。而这款可颂的灵魂人物——卡士达酱，更是所有甜点爱好者必学的入门项目，自己手作卡士达酱的优点在于可以调整甜度，让水果可颂三明治吃起来不腻口。选一个悠闲的午后，一边吃可颂，一边配热茶，享受优雅的生活。

## 材　料

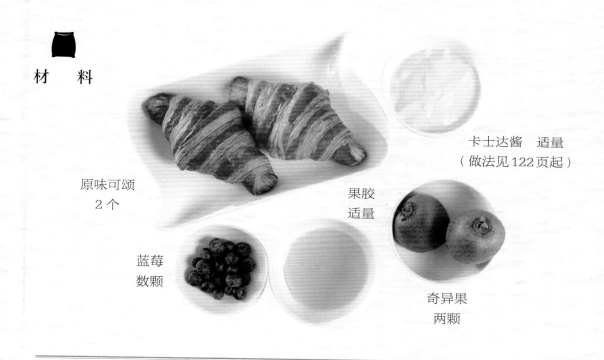

原味可颂
2个

蓝莓
数颗

果胶
适量

卡士达酱　适量
（做法见122页起）

奇异果
两颗

## 做　法

### 01

面包从中间切开（不切断）。

**02**

用挤花袋在面包内侧挤入卡士达酱。

**03**

奇异果切成半月形，约10至12片。

**04**

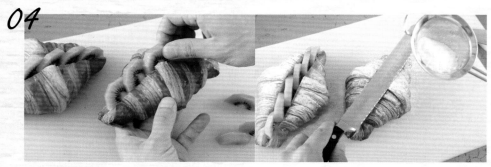

将奇异果片夹入面包中，在面包两侧撒上糖粉（可以用刀子遮住中间）。

**05**

在水果上涂上果胶，再放上蓝莓即可完成。

P.198

# 焗烤可颂三明治

Croissant aux Saucisses Béchamel

# 焗烤可颂三明治

焗烤可颂较为费工，称得上是一道"料理"了。为讲究口感与天然，白酱建议自己制作，材料简单，加热至冒泡的牛奶混入和黄油炒熟的高筋面粉，在持续加热下逐渐收缩变得浓稠，基本就成了。将白酱裹在面包外层，面包的孔洞会牢牢地吸附住酱汁，再撒上起司，面包烘烤后便可以美味上桌。

**材　料**

| 原味可颂 | 2 个 | **白酱** | | | |
|---|---|---|---|---|---|
| 德式香肠 | 2 条 | 牛奶 | 250 毫升 | 意大利香料 | 适量 |
| 乳酪丝 | 适量 | 无盐发酵黄油 | 40 克 | 盐 | 1 小撮 |
| 意大利香料 | 适量 | 高筋面粉 | 25 克 | | |

**做　法**

**01**

将牛奶加热至滚开，放置一旁；另起一锅，将黄油煮开。

**02**

高筋面粉倒入黄油锅中搅拌，再次煮至沸腾后，转至小火。

**03**

将牛奶缓缓加入黄油锅中，同时不停地搅拌，并煮至沸腾；再放入适量的意大利香料及盐调味。

**04**

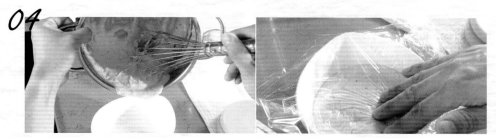

将煮至浓稠的白酱放入容器中，用保鲜膜贴紧覆上，待凉后使用。

**05**

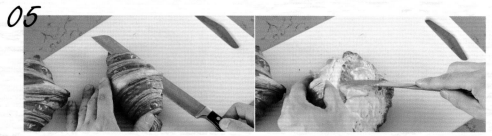

面包从侧边横剖切开（不切断），在面包内侧涂抹白酱。

**06**

夹入德国香肠后，合上面包体。

**07**

在面包外部涂满白酱，并放上乳酪丝、撒上意大利香料。

**08**

最后放入烤箱以 200℃，烤 10 至 15 分钟，直至乳酪丝熔化上色即可完成。

著作权合同登记号：图字：13-2020-068号

本著作中文简体字版经布兰登文化创意有限公司授权福建科学
技术出版社有限公司独家发行。非经书面同意，不得以任何形
式任意重制转载。本著作限于中国大陆地区发行。


**图书在版编目（CIP）数据**

纯手揉的法式欧包 / 艾力克·徐著.—福州：
福建科学技术出版社，2021.11
ISBN 978-7-5335-6568-8

Ⅰ.①纯… Ⅱ.①艾… Ⅲ.①面包－制作 Ⅳ.
①TS213.21

中国版本图书馆CIP数据核字（2021）第189701号


| | | |
|---|---|---|
| 书　　名 | 纯手揉的法式欧包 | |
| 著　　者 | 艾力克·徐 | |
| 出版发行 | 福建科学技术出版社 | |
| 社　　址 | 福州市东水路76号（邮编350001） | |
| 网　　址 | www.fjstp.com | |
| 经　　销 | 福建新华发行（集团）有限责任公司 | |
| 印　　刷 | 福建新华联合印务集团有限公司 | |
| 开　　本 | 889毫米×1194毫米　1 / 16 | |
| 印　　张 | 12.5 | |
| 图　　文 | 200码 | |
| 版　　次 | 2021年11月第1版 | |
| 印　　次 | 2021年11月第1次印刷 | |
| 书　　号 | ISBN 978-7-5335-6568-8 | |
| 定　　价 | 62.00元 | |

书中如有印装质量问题，可直接向本社调换